メディア学大系
5

人とコンピュータの関わり

太田　高志
著
▼

コロナ社

メディア学大系 編集委員会

監 修

相川 清明（東京工科大学，工学博士）
飯田 仁（東京工科大学，博士（工学））

編 集 委 員

稲葉 竹俊（東京工科大学）
榎本 美香（東京工科大学，博士（学術））
太田 高志（東京工科大学，博士（工学））
大山 昌彦（東京工科大学）
近藤 邦雄（東京工科大学，工学博士）
榊 俊吾（東京工科大学，博士（社会情報学））
進藤 美希（東京工科大学，博士（経営管理））
寺澤 卓也（東京工科大学，博士（工学））
三上 浩司（東京工科大学，博士（政策・メディア））

（五十音順，2013 年 1 月現在）

「メディア学大系」刊行に寄せて

　ラテン語の "メディア（中間・仲立ち）" という言葉は，16 世紀後期の社会で使われ始め，20 世紀前期には人間のコミュニケーションを助ける新聞・雑誌・ラジオ・テレビが代表する "マスメディア" を意味するようになった。また，20 世紀後期の情報通信技術の著しい発展によってメディアは社会変革の原動力に不可欠な存在までに押し上げられた。著名なメディア論者マーシャル・マクルーハンは彼の著書『メディア論——人間の拡張の諸相』（栗原・河本 訳，みすず書房，1987 年）のなかで，"メディアは人間の外部環境のすべてで，人間拡張の技術であり，われわれのすみからすみまで変えてしまう。人類の歴史はメディアの交替の歴史ともいえ，メディアの作用に関する知識なしには，社会と文化の変動を理解することはできない" と示唆している。

　このように未来社会におけるメディアの発展とその重要な役割は多くの学者が指摘するところであるが，大学教育の対象としての「メディア学」の体系化は進んでいない。東京工科大学は理工系の大学であるが，その特色を活かしてメディア学の一端を学部レベルで教育・研究する学部を創設することを検討し，1999 年 4 月世に先駆けて「メディア学部」を開設した。ここでいう，メディアとは「人間の意思や感情の創出・表現・認識・知覚・理解・記憶・伝達・利用といった人間の知的コミュニケーションの基本的な機能を支援し，助長する媒体あるいは手段」と広義にとらえている。このような多様かつ進化する高度な学術対象を取り扱うためには，従来の個別学問だけで対応することは困難で，諸学問横断的なアプローチが必須と考え，学部内に専門的な科目群（コア）を設けた。その一つ目はメディアの高度な機能と未来のメディアを開拓するための工学的な領域「メディア技術コア」，二つ目は意思・感情の豊かな表現力と秘められた発想力の発掘を目指す芸術学的な領域「メディア表現コ

ア」，三つ目は新しい社会メディアシステムの開発ならびに健全で快適な社会の創造に寄与する人文社会学的な領域「メディア環境コア」である。

「文・理・芸」融合のメディア学部は創立から 13 年の間，メディア学の体系化に試行錯誤の連続であったが，その経験を通して，メディア学は 21 世紀の学術・産業・社会・生活のあらゆる面に計り知れない大きなインパクトを与え，学問分野でも重要な位置を占めることを知った。また，メディアに関する学術的な基礎を確立する見通しもつき，歴年の願いであった「メディア学大系」の教科書シリーズを刊行することになった。この「メディア学大系」の教科書シリーズは，特にメディア技術・メディア芸術・メディア環境に興味をもつ学生には基礎的な教科書になり，メディアエキスパートを志す諸氏には本格的なメディア学への橋渡しの役割を果たすと確信している。この教科書シリーズを通して「メディア学」という新しい学問の台頭を感じとっていただければ幸いである。

2013 年 1 月

東京工科大学
メディア学部　初代学部長
前学長

相磯秀夫

「メディア学大系」の使い方

　メディア学という新しい学問領域は文系・理系の範ちゅうを超えた諸学問を横断して社会活動全体にわたる。その全体像を学部学生に理解してもらうために，大きく4領域に分け，領域ごとに分冊を設け，メディア学の全貌を巻単位で説明するのが「メディア学大系」刊行の趣旨である。各領域の該当書目をつぎに示す。

領　　域	該当書目
コンテンツ創作領域	第2巻　『CGとゲームの技術』 第3巻　『コンテンツクリエーション』
インタラクティブメディア領域	第4巻　『マルチモーダルインタラクション』 第5巻　『人とコンピュータの関わり』
ソーシャルメディアサービス領域	第6巻　『教育メディア』 第7巻　『コミュニティメディア』
メディアビジネス領域	第8巻　『ICTビジネス』 第9巻　『ミュージックメディア』

（2013年2月現在）

　第1巻『メディア学入門』において，メディアの全体像，メディア学の学びの対象，そしてメディア学4領域について理解したうえで，興味がある領域について関連する分冊を使って深く学習することをお勧めする。これらの領域は，メディアのコンテンツからサービスに至るまでのつながりを縦軸に，そして情報の再現性から一過性に及ぶ特性を横軸として特徴付けられる四つの領域に相当する。このように，メディア学の対象領域は平面上に四つの領域に展開し，相互に連続的につながりを持っている。また，学習効果を上げるために，第10巻『メディアICT』を活用し，メディア学を支える基礎技術から周辺関連技術までの知識とスキルを習得することをお勧めする。各巻の構成内容および分量は，半期2単位，15週，90分授業を想定し，各章に演習問題を設置し

iv　　「メディア学大系」の使い方

て自主学習の支援をするとともに，問題によっては参考文献を適切に提示し，十分な理解ができるようにしている。

　メディアに関わる話題や分野を理解するための基本としては，その話題分野の特性を反映したモデル化（展開モデル）を行い，各話題分野の展開モデルについて基本モデルに照らしてその特性，特異性を理解することである。メディア学の全体像を理解してもらうために，基本モデルと展開モデルとの対比を忘れずに各分冊の学習を進めていただきたい。

　今後は，さまざまな形でメディアが社会によりいっそう浸透していくことになる。そして，人々がより豊かな社会サービスを享受することになるであろう。モバイル情報機器の急速な進展と相まって，これからのメディアの展開を見通して，新たなサービスの創造に取り組んでいくとき，基本モデルをバックボーンとするメディアの理解は欠かせない。「メディア学大系」での学習を通して，メディアの根幹を理解してもらうことを期待する。

　本シリーズ編集の基本方針として，進展目覚ましいメディア環境の最新状況をとらえたうえで，基礎知識から社会への適用・応用までをしっかりと押さえることとした。そのため，各分冊の執筆にあたり，実践的な演習授業の経験が豊富で最新の展開を把握している第一線の執筆者を選び，執筆をお願いした。

　2013 年 1 月

飯田　仁

相川清明

まえがき

　パーソナルコンピュータが普及するようになってから40年ほどが経ち，現在ではスマートフォンやタブレット PC などの登場によって，毎日どころか寸暇もおかずにコンピュータと人々が接する時代となった。街中にもサイネージや自動販売機などコンピュータを利用した機器が置かれ，特定の場所で特定の業務に使用するだけではなく，とりたてて意識することがなく普段の生活のなかでコンピュータの機能を利用している。これまでも，情報管理や機器制御などにおいてコンピュータが間接的に人の暮らしのサポートに利用されてきたが，現在ではインターネットの普及と合わせて人が直接関わって利用する機会が非常に多くなっている。また，作業を便利にすることだけではなく新たな用途が次々と生み出され，人の行動様式や意識にも大きな変化をもたらしてきた。コンピュータは，最先端の特殊な機器という位置付けから，日常を構成する生活環境の一部へ変化したといえるだろう。コンピュータがコミュニケーションや日常のあらゆる局面で関わってくるようになった現状において，それらがどのように使われどのような影響を与えてきたかを理解し，そしてこれからどのような展開が期待されるのかについてビジョンを描くことができる力が今後どの分野においても必要となると考えられる。そのような力を身につけるためには，コンピュータ自体の知識だけではなく，設計の意図やそれらが与える影響を実際に使われる場を想定したつながりのなかで把握することが重要である。

　そこで本書では，コンピュータ自体の機能や構造などの技術面についての説明ではなく人との関係に焦点をあて，インタフェースのデザインや用途の変遷と拡がりという項目を扱いながら，コンピュータのあり方が人に与える影響や習慣や意識に及ぼす変化について取り上げることとした。情報科学分野は非常

に早く進歩し変化するため，特定の知識はすぐに古くなってしまう。また，インターネットの普及によって知識はウェブを検索することによって簡単に入手することができる。そうしたなかで重要なのは多くの知識を暗記していることではなく，それらを結び付けて自ら考察を組み立てることができる力であり，そのために何を知ればよいのかを思いつける力である。急激に変化する対象に対してサステナブルに通用するのは知識の量ではなく，考え方やビジョンの持ち方を身につけることであるだろう。

　そうした背景を受けて，重要なのは多くの用語を知識として並べることではなく，取り上げた事項がどのような考え方で設計され，どのような使われ方をしてどのような影響をもたらすかということを，背景を含めた連携のなかで理解することであると考えた。本書では，人とコンピュータの関係性を考察するための側面に絞り，技術用語や一般化された概念だけでなくできるだけ具体的な事例を挙げた考察を多く記述することに努めた。基本的なアイデアがどのように適用されているかを知ることで，一般化された概念の理解を助けることを目指したつもりである。また，学んだ内容について該当する具体例を見つけ出し，その文脈のなかで説明できる力を養うような演習課題を用意した。

　内容は，以下に示すように，三つのおおまかな話題に分けて構成した。

1．操作対象としてのコンピュータ（1，2，3章）

2．コンピュータと人の対話（4，5，6章）

3．生活環境を構成するコンピュータ（7，8，9章）

　人とコンピュータの基本的な関わりであるインタフェースの話題から始めて，インタラクティブ性がもたらす用途の拡大について取り上げ，最後に，独立した装置というよりも生活環境の一部となっていくコンピュータについて，将来のビジョンまでつなげるように扱った。本書は，大学の低学年に対する教養科目としてアイデアを伝えることに重点を置いたため，より詳しく個々の内容を勉強したいと思った方は，参考文献として挙げた本にあたってみて欲しい。

　2017 年 10 月

太田高志

目　　　次

1章　人とコンピュータ

1.1　人とコンピュータの多様な関わり ———————————— 2
1.2　コンピュータの代表的な機種 ————————————————— 3
1.2.1　ENIAC ————————————————————————— 3
1.2.2　メインフレーム ———————————————————— 5
1.2.3　ミニコンピュータ ———————————————————— 6
1.2.4　パーソナルコンピュータ ——————————————— 7
1.2.5　スマートフォン，タブレット PC ————————— 9
1.2.6　スーパーコンピュータ ———————————————— 10
1.3　コンピュータの進化 ————————————————————————— 11
1.3.1　サイズの違い ———————————————————————— 11
1.3.2　性 能 の 向 上 ———————————————————————— 13
1.3.3　使用形態の比較 ———————————————————————— 14
1.4　用途の拡大と生活への影響 ———————————————————— 16
1.4.1　用 途 の 拡 大 ———————————————————————— 16
1.4.2　用 途 の 多 様 性 ———————————————————— 17
1.4.3　技術進化による生活の変化 ——————————————— 19
演 習 問 題 —————————————————————————————————— 22

2章　コンピュータを操作する

2.1　ユーザインタフェースとは ———————————————————— 24
2.2　ユーザインタフェースの種類 ———————————————————— 25
2.2.1　ハードウェア ———————————————————————— 25
2.2.2　ゲーム機の入力装置 ———————————————————— 26
2.2.3　その他のコンピュータの入力装置 ——————————— 28

viii　　目　　　　　　次

2.2.4　出 力 の 装 置 ————————————— 28

2.2.5　ソフトウェア ————————————— 29

2.2.6　オペレーティング・システム（OS）———— 29

2.2.7　アプリケーション・ソフトウェア ———— 31

2.3　人とコンピュータをつなぐしくみ ——————— 33

2.3.1　人の意図を翻訳する ————————— 34

2.3.2　組合せによる多様性 ————————— 35

2.4　ユーザインタフェースの多様性 ——————— 38

2.4.1　形状のデザインの違い ———————— 38

2.4.2　機 構 の 違 い ————————————— 39

2.4.3　手 段 の 違 い ————————————— 40

2.5　ユーザインタフェースの評価と設計思想 ——— 43

2.5.1　評 価 の 指 標 ————————————— 43

2.5.2　設計思想の違い ——————————— 46

演 習 問 題 ——————————————————— 49

3章　使いやすさのためのデザイン

3.1　ユーザインタフェースのデザイン ————— 51

3.2　わかりやすさを与えるデザインの工夫 ———— 55

3.2.1　メ タ フ ァ ————————————— 55

3.2.2　アフォーダンス（シグニファイア）———— 59

3.2.3　直感的な行動指針の反映 ———————— 61

3.2.4　アニメーションの利用 ————————— 62

3.2.5　デザインの統一性 —————————— 64

3.3　デザインコンセプトの違い ————————— 65

3.3.1　初期のデザイン ——————————— 65

3.3.2　リッチデザイン ——————————— 66

3.3.3　スキュアモーフィズム ———————— 67

3.3.4　フラットデザイン —————————— 72

3.4　デザインとユーザビリティ ————————— 75

演 習 問 題 ——————————————————— 77

4章 コンピュータとの対話

4.1	インタラクティブとは何か	79
4.2	インタラクティブなもの，インタラクティブでないもの	81
4.3	インタラクションの実現	88
4.4	インタラクティブ性の活用	90
	4.4.1　インタラクションの頻度の変化	91
	4.4.2　インタラクションの質の変化	93
	4.4.3　インタラクションの相手の変化	95
演 習 問 題		96

5章 対話性の拡張

5.1	人中心の対話方法	98
	5.1.1　コンピュータに合わせた操作方法	98
	5.1.2　人に合わせた操作	100
	5.1.3　人の目的に対応する	101
	5.1.4　現実と同じ操作方法の提供	103
	5.1.5　コンテキストの理解	105
5.2	インタフェース化する世界	107
	5.2.1　現実をきっかけとするインタラクション	108
	5.2.2　モノを介したインタラクション	111
	5.2.3　透明化するインタフェース	112
5.3	インタラクションのデザイン	113
	5.3.1　コンピュータの用途の拡大	114
	5.3.2　人の反応をデザインする	116
演 習 問 題		117

6章 対話から体験へ

6.1	ユーザエクスペリエンス（UX）	119
	6.1.1　ユーザインタフェースとユーザエクスペリエンス	119

x 目　　　次

　　6.1.2　UX を構成する要素 ————————————————— 121

6.2　体 験 を 創 る ——————————————————————— 124

　　6.2.1　創り出す体験 ——————————————————————— 125

　　6.2.2　体験のデザイン ————————————————————— 127

　　6.2.3　体験により訴えかける ——————————————— 129

6.3　コンピュータとアート ———————————————— 131

　　6.3.1　コンピュータのアートへの利用 —————————— 131

　　6.3.2　インタラクションの利用 ————————————————— 133

　　6.3.3　コンピュータによるアートの構造 —————————— 135

6.4　体 験 の 共 有 ————————————————————— 137

6.5　インタラクションを利用する広告 ————————— 139

6.6　UX を考慮した UI のデザイン ——————————— 143

演 習 問 題 ————————————————————————— 145

7章　つながるコンピュータ

7.1　インターネットの登場 ————————————————— 147

　　7.1.1　ネットワークの拡大 ————————————————————— 147

　　7.1.2　コミュニケーション手段としてのコンピュータ ——— 148

　　7.1.3　情報共有手段としてのコンピュータ ————————— 149

7.2　ワールドワイドウェブによる情報の発信と取得 ——— 151

　　7.2.1　情報発信の敷居の低さ ——————————————————— 151

　　7.2.2　大量な情報の生産 ————————————————————— 152

　　7.2.3　HTML による情報の連携 ——————————————————— 153

　　7.2.4　情 報 の 検 索 ——————————————————————— 154

7.3　インターネットがもたらす変化 ————————————— 157

　　7.3.1　情報取得の容易さ ————————————————————— 157

　　7.3.2　情報伝達の速さ ——————————————————————— 158

　　7.3.3　情 報 の 再 構 築 ——————————————————————— 159

　　7.3.4　マスメディアからインターネットへ ————————— 161

　　7.3.5　実世界へとつなぐツール ————————————————— 163

　　7.3.6　インターネットによる社会関係の形成 ——————— 163

| 目　　　　次 | xi |

7.3.7　インターネットによる問題 —————————— 164

7.4　常時接続性が与える効果 —————————————— 165

7.4.1　インターネットへの常時接続の実現 ——————— 165

7.4.2　ワールドワイドウェブの機能の拡大 ——————— 167

7.4.3　インタラクティブ性の獲得 ——————————— 168

7.5　インターネット時代に求められる人材像 ————— 169

7.5.1　求められる人材像の変化 ———————————— 169

7.5.2　情報の質を判断する力 ————————————— 170

7.5.3　情報を入手する力 ——————————————— 170

7.5.4　情報を利用する力 ——————————————— 171

演　習　問　題 ————————————————————— 172

8章　持ち運ぶコンピュータ

8.1　モバイルデバイス —————————————————— 174

8.1.1　スマートフォンの登場 ————————————— 174

8.1.2　携帯性の高いコンピュータとしてのモバイルデバイス ——— 175

8.1.3　多機能が複合したデバイス ——————————— 175

8.1.4　タッチディスプレイによる操作 ————————— 177

8.1.5　その他のインタフェースの拡張 ————————— 178

8.2　モバイルデバイスがもたらす変化 ————————— 178

8.2.1　変わるコンピュータの役割 ——————————— 178

8.2.2　インターネットへの常時接続 —————————— 179

8.2.3　情報へのアクセス ——————————————— 180

8.2.4　多様な内蔵センサの利用 ———————————— 181

8.3　ウェアラブルコンピュータ ————————————— 182

8.3.1　さらなる携帯性の追求 ————————————— 182

8.3.2　生活を監視するモニタ ————————————— 184

8.3.3　フロントエンドのインタフェース ———————— 184

8.4　モバイルデバイスが生活に与える影響 ——————— 186

8.4.1　使　用　の　頻　度 —————————————— 186

8.4.2　利　用　の　簡　便　化 ———————————— 187

xii　目　　　次

8.4.3　新たな用途の実現 ————————————— 187

8.4.4　ライフスタイルへの影響 ————————————— 189

演 習 問 題 ————————————————————— 191

9章　生活を変えるコンピュータ

9.1　コンピュータの発展の流れ ————————————— 193

9.1.1　装置としてのコンピュータの進化 ————————— 193

9.1.2　ネットワークによる変化 ————————————— 194

9.1.3　コンピュータの利用形態の変化 ————————— 195

9.1.4　コンピュータの役割の変化 ————————————— 197

9.2　複数のコンピュータの利用 ————————————— 198

9.2.1　使い分けるコンピュータ ————————————— 199

9.2.2　クラウドコンピューティング ————————————— 200

9.2.3　IoT（モノのインターネット）————————————— 202

9.2.4　ビッグデータ ————————————————— 203

9.3　環境と一体化するコンピュータ ————————————— 204

9.3.1　ユビキタスコンピューティング ————————————— 204

9.3.2　ユビキタスとモバイル ————————————— 206

9.3.3　環境となるコンピュータのデザイン ————————— 207

9.4　人とコンピュータの未来 ————————————— 209

9.4.1　コンピュータの未来への考察 ————————————— 209

9.4.2　SF が提示する未来 ————————————————— 211

9.4.3　ビジョンの提示 ————————————————— 213

9.4.4　将来への課題 ————————————————— 215

演 習 問 題 ————————————————————— 218

引用・参考文献 ————————————————————— 219

索　　　引 ————————————————————— 222

1章 人とコンピュータ

◆本章のテーマ

　本章では，コンピュータと人との関わりについて，どのような考察の視点があるのかについて述べる。コンピュータはどのように進化し，機能や用途はどのように変化してきたのだろうか。また，コンピュータが進化したというだけではなく，その形態や性能の変化によって，その利用の仕方も大きな変化を遂げた。コンピュータが登場してから，その変化に伴っていかに人の生活に浸透していったのかを概観する。

◆本章の構成（キーワード）

1.1　人とコンピュータの多様な関わり
　　　人とコンピュータ，関わりの多様な側面
1.2　コンピュータの代表的な機種
　　　メインフレーム，ミニコンピュータ，PC，スマートフォン
1.3　コンピュータの進化
　　　小型化，演算性能，使用形態の比較
1.4　用途の拡大と生活への影響
　　　用途の拡大，用途の多様性，生活への影響

◆本章を学ぶと以下の内容をマスターできます

☞　コンピュータと人の関わりにさまざまな視点があること
☞　コンピュータの発展と代表的な機種
☞　コンピュータの用途の変遷と拡大
☞　処理を行う道具から人の意識に影響を与えるまでになっていること

2　　1. 人とコンピュータ

1.1　人とコンピュータの多様な関わり

　人とコンピュータの関わり方には多様な側面がある。それを考えるためにパソコンを使う場面を想定して，人が普段どのようにコンピュータを使っているかを思い浮かべてみよう。最近はパソコン（**パーソナルコンピュータ，PC**）といってもノート PC であることが多いようである。まず，電源コードをコンセントにつなぐ場合もあるかもしれない。そしてノート PC を開き電源ボタンを押して起動するだろう。**オペレーティング・システム**（operating system，**OS**）が起動して使う準備ができたらログインして，メールを見たり出したりしたいのであればメールのソフトウェアを起動し，ウェブサイトを見たいのであればウェブブラウザを立ち上げるだろう。さて，こうして，日常でパソコンを使う場面を思い起こしてみたが，このなかでも人とコンピュータの関係について多くの視点が含まれている。まず，コンピュータはどんな形でどんな大きさなのだろうか。ここではノート PC としたので，種類の違いにはある程度の制限があるが，ノート PC にも大型のものから薄くて小さく軽量のものまで現在では多様なものが揃えられている。また，高機能で非常に解像度の高く大きなディスプレイを備えているものから，安価であるがそれだけ性能的には高くないものもある。操作にマウスを使う場合もあるだろうが，現在のノート PC では，タッチパッドという指でなぞって使用するものがほとんどだろう。また，OS は何だろうか？　Windows[†]か macOS か，それとも Linux というものもある。Windows も Windows8，Windows10，またもっと以前のものなど，さまざまなバージョンのものがある。メールソフトは何だろうか？　OS に付属しているメールソフトなのか，それともブラウザから利用するものだろうか？ブラウザは Google Chrome，Firefox，Safari，Internet Explorer などがあるが，どれを利用しているのだろうか？

　これらはコンピュータ自体や使用するソフトウェアについての話題であった

　[†]　本書で使用している会社名，製品名は，一般に各社の商標または登録商標です。本書
　　　では ® と ™ は明記していません。

が，使う人の状況にも多様な場面が考えられる。例えば，ノートPCを使う場所は自宅や学校が多いかもしれないが，喫茶店のような場所でも使うことがある。また，ノートPCは一人で使うことが多いのではないかと思うが，皆で一緒にディスプレイを覗いて利用するような場合もあるだろう。どのような環境で，どのような状態で使っているのだろうか？　コンピュータを使う目的は何だろうか？　何かを調べるためか，それとも友達と連絡をとるためか，それとも課題をするためだろうか？　遊ぶためかもしれないし，仕事のためかもしれない。プログラミングをする人もいるだろう。

　人とコンピュータとの関係として考えたときに，日常でPCを使用するときの局面について少し考えただけでも，非常に多様な考察の視点があることがわかる。機械としてのコンピュータを人が使うためにどのような設計になっているのかという観点があり，使用するソフトウェアの種類やそれぞれのデザインの違いもある。また，それを利用するための操作方法も多様である。さらに，人の側の状況として，何の目的で，どのようにしてコンピュータを使用しているのか，というような面も考察の対象となる。このように，人とコンピュータの関わりを考えるためには，**関わりの多様な側面**を知り，総合的に考察する必要がある。

1.2　コンピュータの代表的な機種

　これからコンピュータと人の関わりについて考察していくための前提知識の一つとして，本節ではその誕生から今日までのコンピュータの進化を概観する。最初の電子コンピュータと呼ばれるものから，最近のスマートフォンやタブレットPCに至るまで，どのような変化を経てきたのかを知ろう。

1.2.1　ENIAC

　初めてのコンピュータとして認識されているのは**ENIAC**（1946年完成）と呼ばれるシステムである（**図1.1**）。いまのPCなどよりも計算性能ははるかに

図 1.1 The ENIAC, in BRL building 328
〔画像　U. S. Army Photo[1]†〕

低いものであったし，ハードディスクなどもなかった。現在のコンピュータのCPUのように，高度に集積化されたLSI（大規模集積回路）ではなく，真空管という部品が要素として大量に使用されており，そのためとても大きなものであった。また，多くの真空管が交代で故障するために信頼性も低いものであった。ディスプレイやキーボードというものはなく，コンピュータに作業をさせるためには沢山のケーブル線を直接接続し直したりスイッチをセットしたりすることによって行われ，ときにはその作業に数週間もかかったという。ケーブル線の接続は何名ものオペレータが一斉に行うようなもので，入力も結果の出力もパンチカードと呼ばれる紙に穴を開けたものが使用された。ENIACはそれでも特定の用途の専用マシンではなく，ケーブルをつなぎかえることによって異なる処理を行うことができたという点でコンピュータの性質を備えていたといえる。ENIACは弾道計算をするために利用されたが，これは大量の数値の四則演算を繰り返すということで，文字どおり電子「計算機」として使用されたのである。

---

† 肩付き数字は，巻末の引用・参考文献番号を表す。

1.2.2 メインフレーム

CPU，メモリやハードディスクなどを備えて商用コンピュータとして登場（UNIVAC 1951 年）したのが**メインフレーム**（**図1.2**）と呼ばれる大型計算機であり，おもに企業の基幹業務の処理を行う目的で利用された。

図1.2　メインフレーム（An IBM 704 mainframe）
〔画像　Lawrence Livermore National Laboratory[2]〕

メインフレームは大型で高価でもあり，大規模な企業や研究所全体で1台から数台という規模で使用された。企業の基幹業務とは，販売や生産の管理や給与計算など，多くの企業に共通して必須となる中心的な業務のことである。また，銀行の勘定系の用途でも用いられている。そうした処理は企業ごとに特化したものになるため，専用のシステム（ソフトウェア）が開発されて使用される。

プログラムは，初期にはパンチカードなどで入力されたが，その後キーボードやディスプレイが使用可能となり，テープ装置などで読み込むこともできた。大きな企業では，処理する量も膨大なものになるため，このようなコンピュータが利用されるようになったのである。メインフレームは企業にとって非常に重要な処理やデータを扱うことや，停止させずに連続的に稼働しなくてはならないことからその信頼性には非常な注意が払われており，CPU，ハードディスクや電源などが二重になっていて故障時に自動的に切り替わって処理が

続行するようになっていたり，許可された特定の人しか入室できない部屋に設置されていたりといった配慮がされている．操作は専門の人が行い，使いたい人が誰でも使えるというような使用形態ではない．

1.2.3 ミニコンピュータ

メインフレームに比べてより小型の**ミニコンピュータ**（**図1.3**）という種類のものが現れた（PDP-8 1965年）．メインフレームのように企業や研究所全体という単位ではなく，研究室や部門単位などで利用するものとして用意された．利用も，ディスプレイとキーボードからなる端末というものをネットワーク経由でいくつか用意し，複数の人が同時にそれぞれの用途で利用できるようになっていた．研究用のさまざまなプログラムの開発や実行に用いられることがおもな用途であったが，規模がそれほど大きくない企業や部門単位の業務の用途に利用されるものとして特に**オフィスコンピュータ**と呼ばれるものもあった．

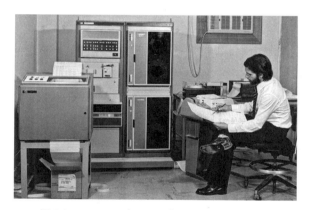

図1.3　ミニコンピュータ（Hewlett Packard 2116 minicomputer by European Southern Observatory[3]）

基本的にここまでのコンピュータは，何か作業をさせるためにはプログラムを書くことが前提となるものであった．今日のコンピュータでは，アプリケーション・プログラムというソフトウェアが多数存在し，それらを利用すること

でさまざまな作業や処理を行うことができるが，ここまでのコンピュータでは処理したい内容をプログラムとして構成できる知識と技術が要求されたのである。

1.2.4　パーソナルコンピュータ

ミニコンピュータは同時に何名かが使用することができたが，それでもまだ高価なものであり，書類作成などの個人的な業務に自由に利用できるようなものにはなっていなかった。また，そうした業務に適したアプリケーションが用意されているような環境も整っていなかった。個人ごとに利用できるようなコンピュータとして登場（1980年頃）したのが，**パーソナルコンピュータ**（PC）と呼ばれるタイプのものである。PCは初期にはデスクトップ型（図 1.4）と呼ばれる，モニタと本体，キーボード，マウスからなり，机の上などに設置して使用するものであったが，現在では**ノートブック型やノート PC**（図 1.5）と呼ばれるすべての装置が一体化した小型のものが多く使用されるようになった。いずれもパーソナルという名が示すように，一般的には個人ごとに1台を所有する形で使用されている。

PC は，書類作成のためのワードプロセッサや会計処理などのための表計算

図 1.4　デスクトップ型 PC（IBM Personal Computer XT）
〔画像　German Federal Archive[4]〕

8　　1. 人とコンピュータ

図 1.5　ノート PC

などの**アプリケーション**と呼ばれるソフトウェアを利用して，おもに業務に使用されることで利用が拡大したが，同時に，絵を描いたり画像の加工をしたり，また音楽を聴いたり映画を鑑賞するなど，非常に多様なソフトウェアが登場し個人的な用途にも利用されるようになっていった。

　ところで，初期の PC は，科学計算や CG の作成，画像や動画の加工や編集といった用途には性能が不十分であったため，個人で利用できるより高性能のコンピュータとしてワークステーション（**図 1.6**）と呼ばれるタイプのコンピュータも利用された。これは，CPU やグラフィックボード，メモリなどの

図 1.6　ワークステーション
(Sun SPARCstation：Mike Chapman[5])

性能がPCよりも優れているものであったが，その分高価でもあり，個人で購入するようなものとはいい難かった。また，当初はUNIX系のOSが使用されているものが多く，PCの操作環境とは異なるものであった。現在ではPCの性能が向上したため，ワークステーションと呼ばれるタイプは少なくなり高性能のPCを従来のワークステーションと同じ目的で利用するようになっている。

1.2.5 スマートフォン，タブレットPC

ノートPCは小型化や携帯性を高めたものであったが，現在ではさらに小型化が進んで，**スマートフォン**や**タブレットPC**のような持ち歩くことを前提とするものが登場している（**図1.7**）。もともとは携帯電話として利用していた装置をインターネットの利用もできるようにすることから始まり，進化してきたことから，当初はインターネットを介した情報の送受信が大きな用途となっていた。現在ではさまざまなアプリケーションを実行できるようなディスプレイとCPU性能を有するようになり，PCに準ずる用途で使用されるようになった。また，これらのタイプのデバイスでは，マウスなどのポインティングデバイスを使うのではなく，**タッチスクリーン**に直接指でタッチして操作するのが，操作上の大きな変化である。これらの**モバイルデバイス**と呼ばれるものについては，あとの章でより詳しく述べる。

図1.7　モバイルデバイス（スマートフォン，タブレットPC）

10   1. 人とコンピュータ

1.2.6 スーパーコンピュータ

ノートPCやモバイルデバイスなど個人用途のコンピュータの小型化が進む一方で,より高速な演算能力を必要とする用途も存在する。そのような目的に特化したものとして,**スーパーコンピュータ**という種類のコンピュータが設計されている(図1.8)。スーパーコンピュータはその時代における最高峰の演算性能を有するコンピュータとされており,非常に大きな装置である。地球全体の気象状況のシミュレーションやタンパク質の解析など科学分野の問題を解く用途に用いられるが,そうしたシミュレーションを行うためには普通のコンピュータではとても達成できないような演算能力が要求される。また,計算量を増やせば増やすほどシミュレーションの精度が向上するため,スーパーコンピュータの性能にはこれで充分という上限がなく,時代が進むにつれさらに高速化が図られている。したがって,数年前までスーパーコンピュータと呼ばれていたものも,現在ではまったく能力が足りないということにもなる。また,そのような最高能力のコンピュータを製造する能力は国の科学技術力を示す指標とも見られており,各国が最高速のスーパーコンピュータを製造することを競争している。

現在では,演算性能を向上させるために単体のコンピュータではなく,PCのような単位のコンピュータを何千個も結びつけたような設計がとられてい

図1.8　スーパーコンピュータ(理化学研究所,京コンピュータ)
〔画像:0-0t[6]〕

る。こうしたコンピュータの形式を並列計算機と呼ぶが，そうした設計のため，スーパーコンピュータ全体は非常に巨大なものとなっている。特に高速のものは大きな体育館全体を占めるようなサイズである（図1.8）。また，スーパーコンピュータは研究所単位で所有するものであるが，使用はその研究所の単位を超えて，国内の他の研究機関からの利用も行われるように開放されていることもある。

1.3　コンピュータの進化

　前節ではコンピュータの代表的な種類について述べた。時代が進むにつれて，技術的な進歩によってコンピュータの形態も変化していったが，完全にそれより前にあったものを新しい種類が置き換えていったわけではない。例えば，メインフレームが行う業務を現在ではPCで処理をしているわけではなく，やはり基幹業務の処理には現在でもメインフレームが使用されている。一方で，PCの性能が格段に上がったため，ワークステーションと呼ばれていた機種はほとんど使用されなくなった。モバイルデバイスは，PCの用途のうちインターネット（ウェブ）へのアクセスや通信などの利用について置き換えるような位置付けになってきたが，文章やプレゼンテーションの作成，絵，画像，動画，音楽などのコンテンツ作成については現在でもデスクトップPCやノートPCは依然として主要なプラットフォーム（実行環境）である。技術の進化による新しいコンピュータの種類の登場は，コンピュータが変化していったものというよりも拡大していったものと考えることができるだろう。以下の各項において，ハードウェア面の進化がコンピュータの使い方をどのように変えてきたのかについて考察する。

1.3.1　サイズの違い

　種類によるサイズの違いをおおまかに人の大きさと比べたものを**図1.9**に示す。これを見ると，スーパーコンピュータのような特殊用途なものは除いて，

12　1. 人とコンピュータ

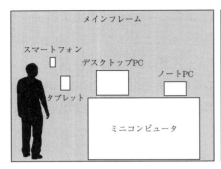

図 1.9　コンピュータサイズの比較

　技術が発展するに従い，よりコンピュータのサイズが小さくなっていることに気づくだろう。サイズの違いは，技術の発展により**小型化**が実現されるようになったことがもちろん大きな要因である。例えば，真空管，トランジスタからCPUへの変化や，メモリやストレージの容量の向上，ディスプレイのブラウン管から液晶への変化など，構成する個々の要素の小型化の実現がコンピュータ全体としての小型化に貢献した。しかしながら，それぞれのコンピュータの大きさの違いは時代による技術力の違いによるものだけでない。

　それは，小型のコンピュータが新しく出てきたときに，大型のコンピュータを完全に置き換えてしまったわけではないことでわかる。例えば，現在でもメインフレームは使用されており，上記のような技術進歩のあとでもサイズは同じような大きさである。また，モバイルデバイスが登場したあとでも，デスクトップPCやノートPCは利用されている。したがって，時代を追って小さくなっているように見えるが，それぞれのサイズである理由は技術的な要因以外にもある。例えば，メインフレームは先にも述べたように，稼働の信頼性確保のためや大容量のデータを扱うことから装置が全体として大きくなってしまう。一方で，モバイルデバイスは持ち運びを可能とするために，ディスプレイの面積は小さなものであるし，メモリやストレージの容量もほかのものと較べて小さなものになっている。したがって，サイズの違いは，それぞれの用途に対する要求を実現した結果であるといえるだろう。

1.3.2　性能の向上

　性能面でも大きな向上があった。コンピュータの性能について**処理速度（演算性能）**を測る単位として **FLOPS**（floating-point operations per second）というものがある。これは浮動小数点型と呼ばれる数値の計算を1秒間に何回行えるかを表す単位で，コンピュータ（CPU）の性能を表す一つの指標となっている。ほかにも異なる指標があるが，一つの情報として FLOPS 性能がどれだけ変わってきたかを時代ごとの代表的な機械について見てみると**図 1.10** のグラフのようになる。このグラフの横軸は年を示しており，縦軸はコンピュータの演算性能で単位は〔Gflops〕である。注目すべきは，以前にはスーパーコンピュータと呼ばれたものの性能を，いまのゲーム機やスマートフォンの性能が上回っていることである。例として，iPhone6 に搭載されている CPU（Apple A8）の演算性能は 115 Gflops であるが，これは 1990 年代なかばのスーパーコンピュータの性能に匹敵するほどの演算性能である。

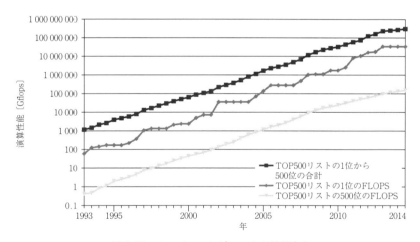

図 1.10　スーパーコンピュータの性能向上
(Exponential Growth of Supercomputers Performance by AI.Graphic[7])

　CPU がどのようにして高速化を実現してきたかということについてもさまざまな側面があるのだが，本書で扱う主題においては，それほどの性能が何に使われるのかということが注目すべき点である。スーパーコンピュータのよう

14   1. 人とコンピュータ

な計算機においては，演算性能の向上は単純に高速に数値計算を行うことが目的である。しかしながら，スマートフォンなどにおいては演算性能を高めたいわけではない。PC やモバイルデバイスなど，一般の人が趣味でも使用するようになったコンピュータにおいて高い演算性能が求められるのは，それがより多くの用途を可能にするからである。初期の PC では表計算やワードプロセッサなどの用途などが主要な用途であったが，今日では，画像や動画を編集したり，高度な 3D のコンピュータグラフィックスを作成したり，音楽を演奏したりするようなことが可能になっている。こうしたことは，初期の PC の性能では実行することが難しかったものである。コンピュータの性能が上がるにつれて，個人で使用することができる価格のコンピュータでも，より多くのことができるようになったのである。

1.3.3　使用形態の比較

　ここで，代表的なコンピュータの種類の用途や**使用形態**について比較することにより，コンピュータ利用の変遷や拡大についての全体像を確認しよう。それぞれの機種のおもな用途に合わせて，その使い方には異なった部分がある。代表的な用途の内容や形態について，簡単に**表 1.1** にまとめた。

　個々の形態のコンピュータの使われ方については先にそれぞれ触れているが，このようにその内容をまとめてみると，コンピュータの技術的な進化に合わせてその使用が変化してきた流れを観察することができる。これを眺めてわかることは，新しい時代に現れたコンピュータは技術の進歩により小型化と低価格化が実現されたことで，1 台のコンピュータをより少人数で利用するようになっていることであろう。当初は大きな組織として決められた人達が共通の業務について使用していたものが，PC の登場によって一人で 1 台を使用することが実現され，タブレット PC やスマートフォンの出現によりさらに複数台を使用することも普通のことになりつつある。コンピュータを利用する目的は，企業や組織単位の業務のために利用していたものが個人ごとの仕事に使われるようになり，さらには趣味や遊びなどまでを含んだ私的な利用が多くなる

1.3 コンピュータの進化　　15

表1.1 コンピュータの用途の違い

	使用する場所	使用する人	使用する目的
メインフレーム	企業や大学など組織に一つ 計算機センター，計算機室	計算センターの技術者 操作を許可されている人	企業の基幹業務 大規模な計算
ミニコンピュータ	部門，学科や研究室単位で所有	部門や研究室のメンバー複数人で共有	中小企業の業務 研究用の計算
デスクトップ PC	企業で社員ごとに 学校の教室，家庭	社員，学生業務に使う人 個人ごとに利用	表計算，資料作成 メール，SNS ウェブ閲覧 ゲーム コンテンツ製作 音楽，動画視聴
ノート PC	企業，家庭， 持ち運んだ場所	社員，学生 家庭，趣味で使用 個人で所有	
モバイルデバイス	持ち運んだ場所，移動中	個人で所有	

ように変化している。特定の目的のために，特定の場所で特定の人が利用していただけのものであったコンピュータが，小型化と低価格化によって個人ごとに所有することが可能になり，誰でもさまざまな用途に利用できるようになったということである。また，利用する場所についても，コンピュータ室などの特定の場所に設置する必要がなくなり自由な場所で利用することができるようになったのである。

　新たな機種の登場が，それまでの用途や使用方法を完全に置き換えたわけではなく，それまでと同様の使い方は依然として残っている。例えば，大企業の基幹業務のためにノート PC が使用されることはなく，やはりメインフレームがその役目を担っている。しかし，機種ごとの用途を一覧すると，新たな機種の登場が起こるごとにコンピュータが使われる目的や**用途**はより多様に**拡大**し，使用する人や場所に対する自由度は増していることに気づくだろう。また，それぞれの用途や局面に応じてそれぞれの異なったコンピュータの形態が使い分けられているのである。このように，技術的に進化していくにつれて，コンピュータは業務の一部を担うだけの特殊な機械から誰もが日常的にあらゆる場面で使用するものと拡大してきた。コンピュータが大衆化した一般の道具となり，用途が一般生活のあらゆる局面に浸透するようになったことによっ

16   1. 人とコンピュータ

て，さまざまな面で生活にも影響をもたらしているのである。

1.4　用途の拡大と生活への影響

　前節では，コンピュータが技術的に発展を遂げることで，その使われ方がそれに合わせて拡大してきたことを述べた。本節では，コンピュータがどのような場面や目的で使われているのか，そしてそれがどのように変化してきたのかを見てみよう。

1.4.1　用 途 の 拡 大

　前節で見たようにコンピュータが技術的に発展したのに合わせて，その用途も変化してきた。当初は大量の数値計算をさせるのが目的であったと述べたが，何の計算をしていたのであろうか。銀行のように，お金の計算だろうか？じつはこれは砲弾の軌道を計算していたのである。砲弾の軌道など，コンピュータで計算しなくても方程式を解けばわかると思う人もいるかもしれないが，それは問題を理想化して砲弾の大きさがなく空気抵抗もないと考えた場合のことであり，現実の問題として扱おうとすると方程式はコンピュータを使わないと解けないものになるのである。ここで「計算する」という意味は，足し算や掛け算を1，2回程度行うことを指しているのではない。一組みの計算の結果を次の計算の材料として行う計算を何回も繰り返すため，人が紙を使って計算できる量をはるかに超えたものになる。電卓を使えばいいじゃないかと思う人もいるかもしれないが，電卓と呼ばれるものが現れたのは ENIAC の 20 年ほどあとのことである。このときには，コンピュータはまさに「計算機」であったのであり，用途はひたすら計算を行うものであった。

　はじめは文字どおり**計算機**であったコンピュータも，大量のデータの管理や処理を行うことができるという面から，企業の基幹業務や銀行業務などに使われるようになる。また，PC においても初期には主要なソフトウェアとして表計算が用いられていたように，しばらくの間は，コンピュータは仕事に関した

処理を行う道具としての位置付けとなったといえるだろう。そのうち，ワードプロセッサや絵を描くためのソフトウェアが現れ，創作活動を行う道具として使用するという使い方が現れてきた。コンピュータの性能が高まるにつれ，コンピュータで可能となることも拡大し，映画や音楽の鑑賞だけでなく，自分でそれらを編集することや，大量の写真の管理，スケジュールの管理など，これまで手作業や別の機材で行ってきたことの多くのものをコンピュータで代わりに行うようになってきた。

このような**用途の拡大**はウェブの登場により，個人の情報や成果を発表する新たな場が与えられたことでさらに加速した。インターネットを利用したサービスとしては，電子メールをはじめとして，掲示板や**SNS**（social networking service，**ソーシャル・ネットワーキング・サービス**）と，時間や距離の制限なしのコミュニケーションやコミュニティの形成の場が与えられた。また，インターネット上にさまざまな商品を扱う企業がそれぞれのウェブを用意し，多くの買い物がネットワークを介してできるようになったのである。

1.4.2　用途の多様性

コンピュータがより多くの用途に利用されるようになったと述べたが，以下のものでコンピュータができることはどれだろうか？

・数学の定理を証明する

・味見をする

・碁を指す

・クイズ番組のクイズに答える

答えは「すべて」である。数学の定理について代表的なのは，4色問題という地図のように分割された図を色で塗り分けることについての証明にコンピュータが使われたのが有名である。味見をすることについては特別な味覚センサが開発されており，それを利用して食物の苦味や旨味を数値化したデータとして得ることができる。

碁については，2016年に，Googleが開発したAlphaGoというシステムと，

18　　1.　人とコンピュータ

その当時で，世界でも最もランキングの高い棋士の一人が対戦し，コンピュータが人間に勝ち越した。すでにチェスや将棋ではそれまでにコンピュータがチェスのチャンピオンやプロの棋士に勝利するレベルにまでなっていた。囲碁はチェスや将棋に比べてそれぞれの局面で打つことができる手の自由度が飛躍的に多いため，しばらくは人間に勝てないと思われていたが，人工知能の研究の発展により予想より早く人間との勝負に勝利することになった。クイズについても IBM が作成した Watson と呼ばれる人工知能のシステムが，アメリカのクイズ番組（Jeopardy! というタイトル）において人間の回答者と争い最高賞金を得た。最近では東大の入試問題を解けるようなコンピュータを作ろうというプロジェクトや，小説を書いて賞を取ろうとする試みもなされている。

　これらの例のように，今日，コンピュータは多種多様なことに使われている。コンピュータを使っているという意識なしに利用している場面も多々あることだろう。例えば，駅の自動改札やコンビニエンスストアの買い物でのレジのシステムなどが例として挙げられる。また，靴や自転車に取り付けて，ランニングやサイクリングの走行ルートや距離，速度などを記録したり分析したりしてくれるものや，最近では薬のカプセル状になっていて，それを飲むことで体内の健康状態の色々な状態をセンサで調べてくれるというものもあるようだ。これらの例のように，用途だけではなくその使い方も多種多様になっているのが現在の状況である。

　コンピュータが現れてからその使い方は大きな拡がりを持つようになってきているが，それはできる作業の種類が多くなったということだけではなく，それを使う人の生活に影響を与え，変化を起こしている分野が拡大していることも意味している。特に，モバイルデバイスが使用されるようになったいま，多くの人間が日常的にコンピュータと接している。一部の人が数値的な計算だけに使用していたときに比べて用途が多くなり，それを多くの人が長い時間多くの機会で使用するようになれば，当然のこととして人の行動に影響を与える側面がいくつも観察されるようになるのである。

1.4.3 技術進化による生活の変化

技術の進化に合わせて用途も変遷し，それを使う人の生活も大きな影響を受けることがあることはすでに述べた。例えば，音楽を聴くという行為は，音楽再生装置の発展によって大きく様変わりをした。

音楽を聴くのは，生演奏によるものがまず初めにあったのは当然であるが，音楽を記録する装置として一番初期のものである蓄音機は，筒状，のちにディスク状の媒体に溝状に音を記録したものを針でなぞり，その振動を増幅させることによって音楽を再生した。これはしばらくするとレコード盤と呼ばれるものとなり市販されるようになった。このようなしくみのあとには，カセットテープに電気的に音を記録することが行われた。カセットテープは音質と用途によっていくつかのサイズのものが用意された。その後，CD（コンパクト・ディスク）と呼ばれる，ディジタル化されてプラスチックの盤面に記録された信号をレーザ光を用いて読取る技術が広がった。さらに，現在では，ハードディスクやフラッシュメモリに音楽のディジタルデータを記録した携帯音楽プレーヤが主流である。

このように音楽を聴くしくみの変遷で一番顕著であるのは音楽を記録する媒体のサイズの変化である。ちょうどコンピュータの発展と同じように，技術の変化に伴って音質や録音できる時間などの性能が高くなると同時に小型化されてきたことがわかる。そして，そのことによって人が音楽を聴く姿勢も大きく影響を受け，変化したのである。

上に挙げたような音楽を記録し再生する技術がなかったときには音楽は演奏をじかに聴くしかなかったが，そのためには演奏に必要な楽器と演奏者全体が必要である。したがって，それは特別の機会であった。ところがレコードの登場で，人は個人で好きなときに好きな曲を自宅で聴くことができるようになった。ただし，装置は持ち運ぶようなものではなかったから場所は特定の部屋に限られていた。レコードを再生するプレーヤがそれなりの大きさであり，部屋に据え置きの家具のようにして配置されていたからである。また，レコード盤と呼ばれるものも大きなもの（直径 30 cm）で，いくつも持ち歩くのに便利な

20   1. 人とコンピュータ

ものではなかった。収録できる音楽の長さもレコード盤の片方の面で 20 分から 30 分程度のもので，レコード盤をその都度取り替える必要があった。したがって，特定の部屋で，何かをしながらよりも曲を聴くことに集中していたことが多いのではないかと推測される。かつてはレコードを高性能のプレーヤで聴かせる喫茶店も多く存在していた。そこでは自分の家のものよりもはるかに性能のいいプレーヤによって，大音量で聴くことができたのである。また，このころはインターネット配信などもないころであるから，自分で所有していないレコードを聴くためにもこのような喫茶店を利用することがあった。

　カセットテープとそれに続く CD の登場は，ちょうどコンピュータの小型化のように音楽を再生する装置の小型化を実現した。これにより，音楽を特定の部屋ではなく色々な場所で聴くことができるようになった。家のなかで別の部屋に持っていってもいいし，外でも聴くことができるようになった。また，そのようになったことで，例えば勉強をしながらであるとか，車を運転しながら，皆で話しながらなど，何かをしているときの BGM として音楽を聴くような状況が現れた。そのうち，カセットテープや CD には携帯型のプレーヤが現れた。WALKMAN という商品名が代名詞となった携帯型カセットテーププレーヤは音楽と関わる状況を一変した。それまでのラジカセも自由な場所での音楽の鑑賞を可能としたが，ごく小型の WALKMAN は場所だけでなく，移動しながら音楽を聴くことを可能としたのである。また，イヤフォンやヘッドフォンの使用が前提となっていることから，周りの状況と関係なく音楽を楽しむことができるようになった。通勤や通学しながら，電車に乗っている間でも音楽を聴くことができるようになったのである。

　このことは，ハードディスクやメモリなどを利用するさらなる小型プレーヤの登場でさらに強化された。iPod が代表的な商品である。WALKMAN のようなカセットテーププレーヤのときには，聴きたい曲（アルバム）の分だけ，カセットテープをプレーヤと合わせて持ち運ぶ必要があった。カセットテープは

1.4 用途の拡大と生活への影響　　21

小さいとはいえ，複数持ち歩くとそれなりにかさばるものであった。ところで，iPod に代表される固体メモリを利用した音楽プレーヤでは，ストレージの量にもよるが，そのプレーヤ自体にいくつもの曲を保存しておくことができるため，持ち歩くことができる曲の数が飛躍的に増大した。また，カセットテープと違って曲をランダムな順番で聴くようなことが簡単にできるため，以前はアルバムという単位で曲を聴いていたものが，一つひとつの曲単位で認識する傾向が強くなったといえるだろう。曲の取得方法も，以前はレコードやカセットテープを媒体として，アルバムという数曲のまとまった単位で行なっていたものが，インターネットを通じて一曲単位で購入することが多くなった。また，電子ファイルとしてダウンロードすることによって入手することは，レコードやカセットテープや CD のような物理的な媒体なしに，データとしてのみ音楽を購入することになる。購入に対して，媒体の保管場所という物理的な制約もなくなったのである。このように，装置の変化によって場所や状況の自由度がどんどん増してきたことがわかる。また，音楽をまとまった単位で意識していたものが，曲ごとに注目する度合いが強くなっただけでなく，他のアーティストの曲と混在した形で，好きなものだけを組み合わせることが非常に容易にできるようになった。音楽を聴く行為が，非常にかしこまったものから何かをしながら行うカジュアルなものに変化したのである。また，テープの入れ替えなどの手間もなく大量の音楽が用意できるため，一日のほとんどの場面で音楽を聴いているという人もいるかもしれない。

　こうして見ると，装置の進歩は単に手段を変化させるだけではなく，それに付随して人の音楽への関わり方に大きく影響を与えることがわかる。さらには，音楽を聴くという行為への影響に留まらず，次に購入する曲の選択や，ほかの人への推薦など，周辺の関連する事象も変えようとしているのである。このような事象はコンピュータのほかの用途についてもいえるだろう。特にコンピュータはもっと広範なものを扱かうために，その進歩による変化はもっと広い範囲で人の生活に影響を及ぼすことになるのである。

22   1. 人とコンピュータ

演 習 問 題

〔**1.1**〕 本章で取り上げた音楽を聴く行為のような，技術的な進歩が人の行動様式
や意識へ与えた変化について，具体的な分野を設定して議論しなさい。（食
事，交通（移動），買い物，…など）

〔**1.2**〕 一日の行動のなかで，コンピュータを使って行うことと，使わないことに
ついて，それぞれ何があるか列挙しなさい。コンピュータには，スマート
フォンやタブレット PC も含む。

〔**1.3**〕 自分が使いはじめたときからコンピュータについて変化したことを意識す
ることがあれば列挙せよ。そしてそれによって自分の作業や生活が変わっ
たことがあるかどうか，あるとしたらどのように変わったのかについて考
察しなさい。

2章 コンピュータを操作する

◆ 本章のテーマ

　コンピュータと人を直接つなぐ役割としてユーザインタフェースがある。本章では，ユーザインタフェースについて，それが何であるか，どのような種類があるのかについて概観し，その違いが操作性にどのような影響を与えるのかについて取り上げる。

◆ 本章の構成（キーワード）

2.1　ユーザインタフェースとは
　　　　ユーザインタフェース，入力，出力
2.2　ユーザインタフェースの種類
　　　　ハードウェア，OS，CUI，GUI，アプリケーション
2.3　人とコンピュータをつなぐしくみ
　　　　操作意図の翻訳，インタフェースの進化
2.4　ユーザインタフェースの多様性
　　　　機能，デザイン，手法，モーダル
2.5　ユーザインタフェースの評価と設計思想
　　　　インタフェースの評価，設計思想

◆ 本章を学ぶと以下の内容をマスターできます

☞　コンピュータのユーザインタフェースとは何か
☞　ユーザインタフェースにはどのような種類のものがあるか
☞　人の操作がどのようにコンピュータに伝わるのか
☞　多様なユーザインタフェースの存在と理由
☞　ユーザインタフェースのデザインはどのように考えられるか

24   2. コンピュータを操作する

2.1 ユーザインタフェースとは

　コンピュータを利用する場面を細かく観察すると，コンピュータと関わるさ
まざまな局面を挙げることができるが，一般にコンピュータを使うということ
に関連してよく聞かれる用語として**ユーザインタフェース（UI）**という言葉
がある。インタフェースという言葉を辞書で調べると「界面，二つのものが接
する面」というような訳が与えられているが，コンピュータに関連してインタ
フェースという言葉を用いた場合はコンピュータを操作する手段やその為のし
くみを意味する。コンピュータの本体は「数値や情報を高速に処理する道具」
であり，内部では複雑な回路を通る電気信号によって処理が行われている。機
械内部の大量で複雑な状態を人間がそのまま理解することは不可能であるか
ら，人が理解できる形で内容をコンピュータに伝え，その結果をわかる形でコ
ンピュータから受け取ることの両方が必要である。

　現在の PC を対象に考えると，マウスやキーボードやディスプレイのような
装置類が具体的にそのような役割を担うものとして思い浮かぶ。これらによっ
て，文字や言葉を利用することや画面上の表示を選択することなどでコン
ピュータに指示を与え，結果も文章や表示内容の変化で提示されるなど，コン
ピュータ内部で行われる処理を人が理解できる方法でやりとりできる手段が提
供されているのである。また，コンピュータの操作に関わる要素には，使用す
るための道具だけではなく，**OS** が提供する使い勝手やソフトウェアの操作画
面や操作の方法なども含まれる。これらのようにコンピュータとやりとりする
ために人に提供されている手段全般をユーザインタフェースと呼んでいる。

　ユーザインタフェースを考えるとき，非常に大きな分類として**入力**と**出力**と
いうものがある。入力というのはコンピュータへの指示や情報を与えることで
ある。例えば，キーボードやマウスは入力のための装置であり，特定のアイコ
ンをクリックすることは入力の操作手段の一つである。また，ディスプレイ
は，その画面にコンピュータから人に提示される情報として文字やグラフィッ
クを表示する。表示されるそれらの内容はコンピュータからの出力と呼ばれ，

それらもインタフェースの要素である。これらは非常に単純な例を挙げただけであり，コンピュータのユーザインタフェースはより広範で多様な要素が含まれる。そのデザインは人とコンピュータの関わり方を創り上げることにコンピュータの機能と並んで非常に大きな影響を持つものである。その内容について以降で詳しく見ていく。

2.2　ユーザインタフェースの種類

　この節では，コンピュータのユーザインタフェースの具体的な例を見る。コンピュータのインタフェースとしては，入力インタフェースであるキーボードやマウスや，出力インタフェースであるディスプレイなどがすぐに思いつくものであるが，人がコンピュータと関わる要素はそうしたハードウェアを操作する以外にも多くの局面が存在する。それらについて，以下で整理してみよう。

2.2.1　ハードウェア

　コンピュータを直接操作する手段となる装置について見ていこう。前節でも触れたように，PC を操作するための装置は，キーボード，マウス，そしてディスプレイが代表的なものである。そのうち，キーボードとマウスは人がコンピュータに指示をするため（**入力**という）に用いるものであり，ディスプレイはコンピュータが人に情報を伝えるため（**出力**という）のものである。これらは，装置（**ハードウェア**）としてのインタフェースである。コンピュータのハードウェアのインタフェースはこれだけかというと，そういうわけではない。一般の PC ではないが，TV ゲーム機では操作用のインタフェースとして専用の操作レバーやボタンを備えたコントローラが用意されている。また，ノート PC ではマウスと同じ用途のインタフェースとして，トラックパッドやタッチパッドと呼ばれる指でなぞって画面上のポインタを操作するものが多く利用されているが，これらもすべてユーザインタフェースのハードウェアである。

2.2.2 ゲーム機の入力装置

近年，特に TV ゲーム機において顕著であるが，多様な入力用のインタフェースの装置が導入されている。その先鞭となったのは任天堂のゲーム機 Wii のリモコンである（**図 2.1**）。Wii リモコンは，それまでのゲーム機のコントローラのようにボタンやレバーを操作するだけでなく，手に持って直接振り回すことによっても操作できるものであった。例えば，テニスゲームであればテニスラケットのようにリモコンを振り，刀のように振ることでモンスターを倒すなど，リモコンを手に持って実際のアクションと同じような動作をすることによってゲームができるようにしたのである。それだけではなく，体につけて走ったり，銃のように構えたり，車のハンドルのように持って車を操作するなどさまざまな操作を可能にした。これはリモコンのなかに加速度センサや赤外線を感知する**センサ**が入っていて，リモコンの動きや傾きを感知することで実現している。また，これらの操作の実現は入力装置としての側面であるが，同時に Wii リモコンは振動や音を発生させることで，例えば何かを叩いたり切ったりしたときの反応を手や耳で感じられるようにすることも行っており，出力装置としての側面も合わせて持つものとなっている。Wii ではそのほかにも「バランス Wii ボード」（Wii ボード）という体重計のようなもの（**図 2.2**

図 2.1　Wii リモコンとその利用

2.2 ユーザインタフェースの種類　27

（a）　バランス Wii ボード　　　　　　（b）　太鼓型コントローラ

図 2.2　Wii ボード

（a））や太鼓型のコントローラ（図（b））も存在した。Wii ボードはプレーヤがその上に両足で乗り体重を移動させることで，走ったりスキーをしたりするようなゲームをコントロールする。Microsoft の Xbox のコントローラとして Kinect という赤外線カメラを利用した装置もある。これは，人の姿勢を画像解析によってとらえて，ジェスチャーでゲームの操作をすることを可能にする。Kinect によってプレーヤはコントローラをまったく持たずにゲーム機を操作することができるようになった。操作は Wii リモコンや Wii ボードの利用と同じようにゲームの内容によってさまざまに体を動かすことによって行う。

　また，太鼓をバチで叩くものや，ギターのような装置で弾くマネをするようなコントローラも現れた。これらのものは汎用ではなくそれぞれのゲームの専用のものとなっているために用途が一つに決まっている。そのため太鼓やギターのような具体的な道具をインタフェースとして利用することができるのである。具体的な道具を利用することによって，Wii リモコンなどでは動作を模擬していただけのものを，道具そのものまで含めて実際のものと同じように使用することができるようになる。こうしたインタフェースの利点は，例えばコンピュータで絵を描くためのペンタブレットや，音楽を入力するのに MIDI キーボードを利用することなどでも利用されている。

28 2. コンピュータを操作する

2.2.3 その他のコンピュータの入力装置

前項はゲーム機のコントローラの例であるが，コンピュータでも新たなハードウェアがインタフェースとして導入されてきている。例えば，タブレットPCやスマートフォンでは一般的になった**タッチスクリーン**がまず挙げられるだろう。操作方法としては先に挙げたトラックパッドやタッチパッドと同じように指でなぞって操作するものであるが，それらとは違い，操作対象となる画面そのものがトラックパッドの機能を持つようになっているため，表示されているものを直接触れて操作することができる。タッチスクリーンではスクリーン上を，触れる（タッチ），叩く（タップ），なぞる（スワイプ），親指と人差し指でつまんだり拡げたりする（ピンチ）などのアクションでマウスに変わるさまざまな操作を提供している。特にスマートフォンやタブレットPCなどの**モバイルデバイス**では，加速度センサ等を利用してデバイス自体を傾けたりする動作と組み合わせて多様な操作性を実現する。そのほかにも，音声（言葉）によって指示を与えたり，ユーザの視線を感知し，画面上でどこを見ているのかによって操作を行うものであったり，指の動きを感知して反応するもの（leap motion）など，マウスやキーボード以外のハードウェアを利用することが行われている。

2.2.4 出力の装置

コンピュータからの情報を表示する出力装置として代表的なものはディスプレイである。コンピュータからの出力として，初期のころには紙テープや紙に文字として印刷されたものであったが，液晶が利用されるまで表示装置として使用されていたブラウン管によるディスプレイにリアルタイムに文字を表示することができるようになり，それから任意の図形を表示できるように進化して今日のグラフィカルユーザインタフェースの利用につながった。しかし今日では出力装置はディスプレイだけではない。まず，音も出力として利用されている。特に，スマートフォンでは着信したことを，その種類によって異なる音色で伝えるように設定することができる。また，振動も，音を控えなければいけ

ない場において同じ情報を伝えることに利用されている。あとの章で紹介する
VR（仮想現実感）などでは，視覚や聴覚以外にも，匂いや触感などさまざま
な感覚に反応を伝えることが研究されているなど，出力のインタフェースも多
様化へと進んでいる。

2.2.5 ソフトウェア

　ここまでハードウェアとしてのユーザインタフェースについて述べたが，人
とコンピュータの橋渡しをする要素はそれだけではない。操作する対象はコン
ピュータであるが，それは例えばハードディスクを動かしたりなどというよう
な機械の制御をしようとするのではなく，そこで動いているソフトウェアの機
能を利用しようとしているのである。したがって，ソフトウェアがどのような
機能を提供しておりそれらがどのような手段で使えるようになっているのか，
という点もコンピュータが人に開示している接点（インタフェース）である。
操作のうえで直接関わる**ソフトウェア**には大きく分けて二つの種類のものがあ
る。一つは **OS** と呼ばれるもので，もう一つは**アプリケーション・ソフトウェ
ア**（スマートフォンなどでは**アプリ**）と呼ばれるものである。OS はコンピュー
タ全般の使用感を決定し個々のアプリケーションの使用についても影響を与え
るため，ユーザインタフェースについて考える際に重要な要素である。アプリ
ケーションは，個々の業務や機能を実行するものであり，直接の操作はアプリ
ケーションが用意した操作手段を介して行うこととなる。

2.2.6 オペレーティング・システム（**OS**）

　OS はファイル情報やアプリケーション・ソフトウェア（以降，アプリケー
ション）の実行を管理したりハードウェアの動作を制御したりするソフトウェ
アである。マウスやキーボードからの入力信号の処理やハードディスクやメモ
リなどの制御を行うのは OS が担当しているのである。アプリケーションと
は，メールソフトやワードプロセッサなどの具体的な用途を行うためのソフト
ウェアであり，OS が管理している環境上で実行される。したがって，OS は

コンピュータの操作方法のアプローチを決定し，その環境上で動作するアプリケーションのデザインに大きな影響を与えるのである。

古いメインフレームやミニコンピュータから始まって，初期の PC までおもに使用されていた OS は **CUI**（character user interface，**キャラクタユーザインタフェース**）と呼ばれる操作方法を提供するものであった。CUI とは，**コマンド**と呼ばれるコンピュータに操作の命令を文字（character）によって与えるものである（**図 2.3**）。CUI では，処理を行うための特定のコマンドと呼ばれる文字列がいくつか OS によって用意されており，それをキーボードで打ち込むことによってコンピュータに指示を与える。例えば，Unix という OS の系統では「file1」というファイルをコピーして「file2」というファイルを作成するためには，"cp file1 file2" という文字列を画面に入力するのである。

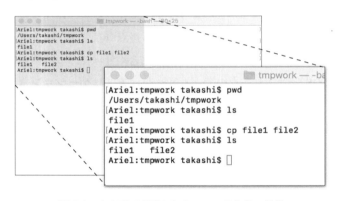

図 2.3 文字列で表示されるコマンドとその結果

CUI に対して **GUI**（graphical user interface，**グラフィカルユーザインタフェース**）と呼ばれる操作環境は，CUI では文字で表されていたファイル名などの情報がその名のとおりグラフィックにより表示されており，その図表を指定したり移動したりすることによって操作を行うものである。例えば，ファイルとかディレクトリ（フォルダ）などの構造がアイコンと呼ばれるシンボル図で表示されている。先のファイルのコピー操作を例にとると，同じことを GUI の環境で行う場合は，例えば画面上にある「file1」のアイコンにマウスでポイ

ンタを合わせ，そこで右ボタンをクリックすると現れるメニューから「コピー」を選び（**図 2.4**），画面上の別の場所にポインタを移動して，そこでまた右ボタンをクリックしてメニューから「ペースト」を選択するという操作を行うことでファイルのコピーが実現できる。

図 2.4 GUI における選択メニュー

またファイルの移動は，ファイルのアイコンを別のフォルダにマウスでドラッグという操作で"画面上をひきずって"移動させることで達成される。CUI では，ファイル名と移動先をコマンドに続いて指定しなければならないが，GUI では具体的なモノを移動させるのと同じ感覚で操作できる。このように GUI ではビジュアルな表示に対して直接的な操作が可能となっており，CUI のようにコマンドを覚えていなければ使えないということが少ない。一旦，使い方を理解すれば，専門家でなくてもコンピュータを使えるくらいに操作を非常に容易にしたのである。

2.2.7 アプリケーション・ソフトウェア

OS はインタフェースのデザインに大きな影響を与えるものであるが，ユーザがおもに直接操作する対象はアプリケーションの画面である。今日，PC や

モバイルデバイスではさまざまな種類と用途のアプリケーションがあり，コンピュータを利用するのはそれらのアプリケーションを使うことがほとんどであろう。アプリケーションはそれぞれのやり方で機能を選択し実行するための手段を提供している。例えば，グラフィックで表示されているボタン（アイコン）をクリックしたり，メニューから項目を選んだり，表示されているグラフィックやテキストを直接マウスで選択したりなどが該当する操作である。例えば，**図 2.5** は，ワードプロセッサのアプリケーションであるが，領域の上方にいくつかの機能に対応したボタンが用意されており，右側にもテキストのさまざまな設定を行う項目が提供されている領域がある。どのような機能についてどのような操作方法を提供するかについては，同じ用途のものでは似た部分も多くなるだろうが，それぞれに違う部分も存在し，それらが合わさって個々のアプリケーションの固有のユーザインタフェースを構成する。

図 2.5　ワードプロセッサの操作画面

コンピュータの操作はキーボードやディスプレイなどの装置があればそれだけで可能になるわけではなく，実際に作業を行う対象となるソフトウェアがそれらのインタフェースからの信号を受けてどのように反応するのかをデザインすることが必要である。そのためにはアイコンやメニューなどに代表されるソ

フトウェア側のしくみが必要である。ソフトウェアが提供するそうした操作手段はハードウェアと並んでコンピュータのユーザインタフェースを構成する大きな要素である。

また，アプリケーションのインタフェースは，操作の対象として目に触れる画面のデザインだけではなく，提供される機能の種類も重要な要素である。例えば，画面中に表示されている文や図をその場所からほかに移動することを，あるアプリケーションではそこから消去（カット）し，ほかの場所で貼り付け（ペースト）すればできることを，ほかのものでは文や図をコピーしてから消去（デリート）し，それから貼り付けなければならないとしよう。一方では，コピーと消去を一つの操作（カット）でできるのに，そのような機能が用意されていないものではコピーと消去の独立した二つの操作をしなければならないのである。また，もっと単純に，一方ではボタンとして用意されている機能が他方ではないという違いもあるかもしれない。

さらに，インタフェースは，表示のデザインや用意されている機能のような直接目に見える固定化された要素だけではなく，操作の手順のような形として認識し難い項目もあることに注意すべきである。例えば，図を描くためのアプリケーションを考えたとき，色や線の太さなどを設定してから図形を描かなければならないものと，とりあえず適当な属性で図形を描いてから修正するもののように，同じ作業について操作手順が逆になるようなことがある。手順の違いは使い勝手には大きな違いとして影響を与えるものとなるが，こうしたこともユーザインタフェースとして考察されるべき要素である。

2.3　人とコンピュータをつなぐしくみ

インタフェースとは間をつなぐものという意味合いがあった。ここでは，これらのハードウェアやソフトウェアのインタフェースがどのように人とコンピュータの間をつないでいるのかを見ていく。

2.3.1 人の意図を翻訳する

ハードウェアやソフトウェアのインタフェースがどのようにして人とコンピュータをつないでいるのか，非常におおまかな構造を**図 2.6**に示す。操作によってキーボードやマウスなどのハードウェアからコンピュータへ信号が送付される。例えばマウスを左に移動したことを，位置の測定機構による移動距離の情報に変換して伝える。それを OS が受け取り，押されたキーの種類やマウスが画面上で指し示している位置の情報に変換する。最後に，それを個々のアプリケーションが，マウスによって指定される位置からクリックされたアイコンを識別したり，押されたキーから選択されたメニューを特定したりするような解釈をして，それぞれに対応した反応をする。このように，ハードウェアから入力された人の意図を，アプリケーションが理解できる情報へと**翻訳**しているのである。逆に出力では，コンピュータの内部における処理の結果を，人が理解できるような文字や図の情報に変換しディスプレイに表示することが行われる。このように，ハードウェアとソフトウェアが連携して一つひとつのコンピュータの操作が構成されているのである。また，このようにして提供される操作方法もユーザインタフェースを構成する要素である。

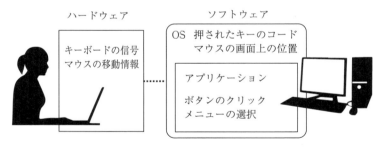

図 2.6　連携して構成される操作

ここまでいくつか挙げたように，人とコンピュータの接点となるユーザインタフェースという観点で取り上げる項目は多岐に渡る。装置のようなハードウェアの種類や，アプリケーションの画面のデザインや使い方の手順などはすべてコンピュータのインタフェースとして考慮する項目であるが，それぞれが

独立に人とコンピュータをつないでいるのではない。それぞれは独立な要素ではなくたがいに影響し合って統合された使い勝手を構成するものである。つまり，あるアプリケーションを利用するときのインタフェースは，マウスやキーボードなどの装置のあり方だけで決まるのではなく，その信号をソフトウェアの側でどのように受け取りどのように翻訳するかによって創られるものである。したがって，その組合せによって多様な違いを生むこととなる。例えば，同じ機能のソフトウェアでも用意するアイコンの種類やそれらの画面上の位置が異なることで，まったく違う操作性を与えることにもなる。図 2.7 は両方ともワードプロセッサと呼ばれるアプリケーションであるが，その見た目はまったく違ったものになっていることがわかる。

図 2.7　異なるワードプロセッサの操作画面

2.3.2　組合せによる多様性

　ユーザインタフェースを構成する要素が連携していることから，それぞれのデザインや存在もたがいに影響を与えている。例えば CUI の環境ではマウスがなくても操作ができていたが，マウスがなくてもできるような操作しかできなかったともいえるだろう。例えば，絵を描くようなアプリケーションは CUI の環境では難しい。初めてのマウスは，ダグラス・エンゲルバート（Douglas Engelbert）によりデザインされたものである（図 2.8）。画面に表示されていたのは CUI と同じように入力した文字が並んでいるものであったが，エンゲルバートはそれをマウスで直接選択し，再利用できるようにした。それまでコ

36   2. コンピュータを操作する

図 2.8　コンピュータマウスのプロトタイプ
(SRI's First Computer Mouse Prototype)
〔画像　SRI International[8]〕

ンピュータの画面は表示だけを目的としたインタフェースであったが，マウスによって，その画面全体を操作の対象として利用できるようになった。

　マウスという装置の登場によって異なる操作性が可能になったことを受けて，画面の表示も変化した。図 2.9 は 1970 年代に作られたゼロックスの Alto（アルト）というコンピュータである。Alto はマウスを備えたコンピュータで

図 2.9　ゼロックスの Alto コンピュータ
〔Dr.Bruce Damer/DigiBarn Computer Museum〕

あり，その操作が可能となったため，表示もこれまでの1行ずつ文字列が上から下に順番に表示されるものから，メニュー形式のような表示となり，その後，現在のOSでも利用されているような全画面のなかに分割された表示領域を持つウィンドウ形式のような表現もデザインされた。このように表示の形式が変わったことから，ウィンドウ形式のような出力を可能とするために，グラフィカルな図を表示するのに適したビットマップディスプレイというものが開発された。

　画面全体を入出力のインタフェースとして利用できるようになると，それまでとは異なる操作性を与えることができるようになる。ウィンドウだけではなくファイルやアプリケーションなどをアイコンというグラフィックで表現するようになり，ウィンドウの表示位置や数などもインタラクティブに操作できるようになる。メモリやCPUの高性能化に伴って，さらに表示がカラーになったりアイコンなども含めた画面のデザインが高精度のものになったりした。マウスなどの画面上の位置を指定する装置（ポインティングデバイス）を介する基本的な操作のアプローチは同じでも，画面のデザインによってその操作性は大きく変化した（図2.10）。

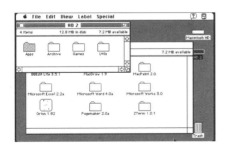 

図2.10　GUI画面の変化

　さらに，新たなポインティングのためのインタフェースとしてタッチパネルが登場し，それを備えたモバイルデバイス類が登場すると，単に画面上のアイコンに直接働きかけるクリックやドラッグといった操作以外に，画面全体にスワイプやピンチなどのアクションを利用する操作方法が利用されるようになっ

た。さらに，**ポインティングデバイス**としてマウスのような外部装置を必要とせず，人のジェスチャーだけでコンピュータを操作するような要求を満たすために，赤外線を利用した Kinect のような装置が開発される。そこから得られた情報よりジェスチャーの種類や操作の意図を判断するソフトウェア側のしくみがそれに合わせて必要となる。

このように，ハードウェアとソフトウェアの要素がたがいに連携をして一つの操作系を作ることから，片方が進化するとそれに対応してもう一方にも変化が起こることを繰り返してインタフェースは進化をする。マウスが誕生したことで，グラフィックによって操作する GUI という環境が生まれたように，新たな装置の導入が，単にそれまでのやり方に対する装置の置き換えではなく，まったく新しいアプローチを誕生させることにつながるのである。

2.4　ユーザインタフェースの多様性

ユーザインタフェースは単に操作する装置だけを指すのではなく，ソフトウェアや操作性など多様な要素があることを述べた。また，それらの組合せによって多様な設計が可能になることを説明した。例えば，コンピュータに指示を与える方法にも多くの異なったものが存在する。以下で，具体的な例を挙げてそれらの多様性について考察をする。

2.4.1　形状のデザインの違い

ユーザインタフェースとして，ハードウェアからの信号をアプリケーションに渡し，それを操作の意図を反映するように翻訳していることを前に説明した。したがって，翻訳がきちんとなされて意図が伝わるのであれば元の入力手段の部分は日本語であろうとジェスチャーであろうと多様な違いがあってもよいことになる。その違いというのは異なる操作という意味に留まらず，同じ操作を実現することにおいても多様性が生じるのである。代表的な例としてマウスを見ただけでもさまざまな形状やデザインのものを見つけることができる

(**図 2.11**)。これらは同じ操作性と機能を持つことを考えられた同じ装置であるのにも関わらず、ボタンの数の違いや付属としてボールやレバーがついていることなどバラエティに富んでいる。マウスは通常、装置全体を平面上でスライドすることによって画面上のポインタの位置を移動させるが、なかにはトラックボールといってマウス装置に取り付けられた大きなボールを指で回転させることによってポインタを操作するものも存在する。これは装置全体を動かす必要がないため、狭い場所でも使えることが利点である。ボタンの数や付属の装置については、このあとの機能に関わる要素でもあるが、色や形状の違いも単純に趣味の問題に留まるのではない。形によって使いやすいものや使用していて疲れないものなどの違いがあるし、適切な色分けは操作に対してわかりやすさを与える要素にもなり得る。同じ目的の装置であっても、このようにして多様性が生じるのである。

図 2.11 さまざまな形状のマウス

2.4.2 機構の違い

マウスの機能として画面上のポインタを移動できることが必要である。しかし、それを実現する方法は一つではなく、さまざまなしくみによってそれが可能であるため、何を使うかでインタフェースの違いが生み出されることになる。例えば初期のマウスは下部に小さなボールがセットされていた。マウスを移動させることでそのボールが回転し、回転方向と回転数によって移動情報を得ることができるものであった。ボールを利用したものでは、マウスの下部で

40　2. コンピュータを操作する

はなく上部に設置されていて，指で直接ボールを移動させることで操作するものもあった。その後，赤外線によってマウスが移動する平面の移動を感知するものや，加速度センサ等によって空間内の移動情報を取得するものなどが現われた。このように位置取得だけでもいくつもの方法がある。さらに，画面上の特定の位置で信号を送って，そこで何らかのアクションをしたことを伝える機構が必要である。これについてはほぼボタンを利用することによって実現しているが，その数や形状にバリエーションがある。あるものはボタンが一つであるが，二つや三つのものもあり，マウスの表面の押す位置を感知するような作りで表面上はボタンがないように見えるものまで，多様なものがある。これらの装置的なしくみの違いに加えて，形状や色などのデザイン面の違いも含めると，一つの目的のためであっても非常に多様なものを考えることが可能である。

2.4.3　手段の違い

　ところで，マウスのように画面上の位置を指し示す機能のデバイスをポインティングデバイスと呼ぶが，同様の機能を実現できるのはマウスだけに限らない。同じ機能を実現するデバイスはこのほかにも多数存在する。例えばゲームの操作に利用されるジョイスティックも目的と機能はマウスと同じであるが，ゲームの利用に適した操作性を与えることができる形状となっている。また，タブレットは，絵を描くために使用することを目的とするためペンを利用したものになっている。いずれも，画面上の位置を特定することと信号を伝える機能を実現しているものであるが，使用目的の違いに合わせた操作性を与えるように設計されていることがわかる。

　文字を入力するという共通の目標についても同じようなことが観察できる。**図 2.12** は，まだコンピュータやワードプロセッサがなかったころに，漢字を含めた文章を作成するための和文タイプライターである。コンピュータがなかったために，二千以上もの字を情報として扱うことができず，すべてを活字として備えていなければならなかった。その入力については，文字の種類がす

図 2.12　小型邦文タイプライター SH-280
（日本タイプライター株式会社製造）
〔画像　miya/CC BY 4.0 [9]〕

べて一覧で提示されており，それを一つひとつ直接選ぶことで行っていた．目的を達することはできたかもしれないが，非常に大変な作業だったと想像される．

　コンピュータが利用されるようになってからはキーボードで入力することが主流であるが，日本語の入力に関していえば大きく二通りのものが存在している．一つは，ローマ字で入力したものを日本語に変換するもの．もう一つは，ひらがなを直接入力するものである．いずれにせよ，入力したものから漢字への変換がさらに加わるわけであるが，元の文章を入力する時点で異なる方式が存在しているのである．さらにキーボードの形式が異なる親指シフト方式というものも存在している．モバイルデバイスの登場によって，入力の手法はさらに多彩になっている．特にスマートフォンでは画面が小さいためにキーボードをすべて提示しておくことが難しい．そこで，フリック入力という方式（**図 2.13**（a））が用いられるようになった．これは，あいうえおの配列の各段の五つの文字を，一つのボタンを押すと十字型に展開するキーに対応させることによって，狭い画面でも少ない手順で十分な操作性を与えることができる入力方法になっている．また，入力されているキーやボタンを一つずつ選択して入

42　2. コンピュータを操作する

（a）フリック入力　　　　　　　（b）手書き入力

図 2.13　文字の入力手法

力するという方法とは別に，手書きで入力する方法（図（b））もある。

　さらに，文字入力に関してキーボードや画面への操作を介してではなく，異なる伝達手段（**モダリティ**：modality）を利用することも可能である。視線入力は目で見ることによって入力する方法である。それを利用すると，コンピュータの画面上の文字の一覧から特定の文字を一定以上の時間見つめることによって選択することが可能である。この方法は，ユーザの視線を感知する装置によってユーザが画面上のどこを見つめているかを認識し，それをポインティングデバイスとして利用しているのである。また，音声で入力する方法も利用が進んでいる。声に出した文章をマイクで音として受け取り，それをコンピュータで文字へと変換するのである。この手法は昔から試されていたが，単に入力だけの用途ではなく，現在では言葉を認識することによって操作を行うことができるようになった。最近のスマートフォンや時計型のデバイスの台頭に合わせてより積極的に利用されるようになっている。

2.5　ユーザインタフェースの評価と設計思想

　同じ目的や用途のためのユーザインタフェースにもさまざまに異なるものが設計できることを知ったが，そうしたなかで良いものと悪いものはどのように判断するのだろうか。また，よいインタフェースを設計するには何を考えて行うのだろうか。本節では，評価と設計の指針について述べる。

2.5.1　評 価 の 指 標

　さまざまな観点からユーザインタフェースの違いが生じていることを見てきたが，なぜ多様なデザインや方式が考え出されているのだろうか？　また，一番よい入力方法はどれなのだろうか？　それを判定するための評価の基準は何だろうか？

　先に見てきた文字の入力手法に多様な方式がある理由を考察してみよう。例えば，キーボードのローマ字入力とひらがな入力の二つについて考えてみると，ひらがなの入力は日本人であれば文字を選ぶのが直接的でわかりやすく，ローマ字とひらがなの対応を覚えなくてもいいという利点がある。また，一つの文字に対して一つのキーを押すだけでいいので，一つの文字の入力のために二つのキーを押さなければならないローマ字による方式に比べて入力速度が速い。一方で，ローマ字入力の場合に覚えなければならない26文字のアルファベットのキーの位置に比べて，ひらがなではその倍近くのキーの位置を覚える必要がある。同様に，フリック入力は画面の面積が小さいときに表示しなければならないキーの数が少なくてもいいという利点があるが，入力に多少の慣れが必要となる。文字認識による入力方法は，キーの位置や選択の方法を覚える必要がないので誰でも使えるが，書いた文字が汚いと判別できない。また，文字の認識の精度が悪い場合には何度も書き直さなければならないだろう。逆に，キーの場合は選択さえ間違えなければ入力は確実である。このように，異

なる方式にはそれぞれに利点，欠点が混在しているのである。こうしたことが異なる方法を考案するための動機となり，多様なものが生み出されるのである。

　文字入力に関してはさらに異なる手段として視線入力や音声入力があったが，これらはキーボードなどを操作せずに入力できるということが最大の利点である。したがって，手が自由に使えない場合にこれらの方式が有効である。一方，視線入力は一定時間見つめることによって入力の確定を行うために時間がかかるという点が問題である。音声では，手書きの場合と同様に認識の精度が問題となる。また，同音の漢字の選択が違っていた場合，修正するのがかえって面倒になることが多い。さらに，大勢のなかにいるときに声を出して入力して操作するのはほかの人に迷惑であり，そもそも恥ずかしいという問題もあるだろう。

　さて，それぞれの手法にこうした利点や欠点があるが，どれが一番いい方法といえるのだろうか？　ある人は音声がいいというかもしれないし，ある人はフリック入力が便利だというかもしれない。しかし，そう考える理由は何だろうか？　音声入力がいいという人は，話すだけでいいから楽だということかもしれない。しかしながら，もし文字を入力する目的が講義のレポートを作成することであったとしたらどうであろうか？　多分，レポートであれば考察しながら書き直したり構成し直したりを頻繁にするのではないだろうか？　そうしたときにも，声で入力したほうがいいと考えるだろうか？　フリック入力は画面の面積の制約があるスマートフォンなどにおいては利点があるが，ノートPCでキーボードが利用できるときにもそちらが便利と考えるだろうか？　しかし，こういうことも人によってはそのほうがいいという人もいるかもしれない。ユーザインタフェースは使い方を規定するものであるため，何に使うのかという目的や，使う人がどのような人なのか（**ロールモデル**）によってその評価が変わることがある。文字の入力ということだけ考えても，例えばスマートフォンに「いま，何時？」とか「今日の予定は？」というような言葉で情報を得るために入力する場合と，レポートや小説を書くような長文を推敲しながら

書く場合とでは，何がいい方法かという判断には大きな違いが出てくるだろう。また，その人が，コンピュータの操作やキーボードの操作に習熟している場合と，まったくの初心者では，何をいいと感じるかは大きく異なると予想できる（図 2.14）。また，そのうえで，操作が難しくても色々なことを思ったように実現できることなのか，少しの種類のことしかできないが操作は覚えたり教わったりしなくてもできてしまうほど簡単であることが嬉しい場合とでは，同じものに対する評価は大きく違うはずである。

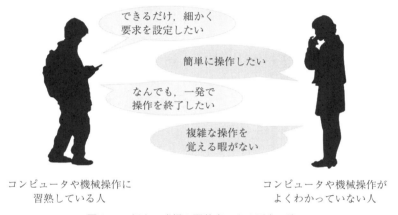

図 2.14 個人の嗜好や習熟度による要求の違い

このように，インタフェースの評価は，「何に使用するのか」，「誰のためなのか」ということを設定したうえで，何をいいこととするのかという具体的な指標の設定がなければ判断することが難しい。例えば，次のような文字入力のためのユーザインタフェースを考えてみよう。入力できる文字の種類が表示されていて（この場合，アルファベットとしよう），順番に赤く点滅していくとする。自分が入力したい文字のところに来たら一つだけあるボタンを押すと，その文字を入力することができるとする（図 2.15）。このようなユーザインタフェースは通常の使い勝手の意味ではまったく低い評価となると予想される。希望する文を入力し終えるまでにどれくらいかかるかわからないし，修正することもできない。しかしながら，これがエンターテイメント目的のものであっ

46   2. コンピュータを操作する

ABCDEFGHIJ**K**LMNOPQRST

図 2.15　一つのボタンによる文字の入力

たらどうであろうか。なかなか思ったように入力できないことにゲーム性を持たせたようなデザインであったとしたら，普通のやり方で簡単に入力できてしまうよりも適していることになる。したがって，同一のインタフェースに対しても，目的の設定によっては高い評価になったり低い評価になったりすることがあり得るのである。指標を明確にせずに，使い心地といった漠然とした観点で考えているだけでは，評価は単なる感想となってしまう。設定した目的を実現することにどれだけ適しているかという観点で評価することが重要である。

2.5.2　設計思想の違い

　ここまでで違いを生む多様な要因を見てきた。製品として完成したものは，そのユーザインタフェースのあり方に使い勝手に関する意図がデザインとして反映されているはずである。目的を実現するためにはさまざまな要素を組み合わせて一つのものとして設計される。その場合，同じ機能や目的のものがつねに同じようなものになるとは限らない。

　同じ用途のものがまったく異なったデザインで実現された例としてよく取り上げられているものに，スマートテレビと呼ばれる機器のリモコンの例がある。スマートテレビは通常のテレビに加えてインターネットの動画やウェブを見ることができるものである。テレビや動画を見るためにリモコンで必要な機能は例えば以下のようなものになるだろう。

2.5 ユーザインタフェースの評価と設計思想

- スイッチのオン，オフ
- 番組の選択
- 視聴の開始，停止，終了
- 音量の調節
- 音声モードの選択
- 番組の予約

これらの機能を具体的にどのように実現するかというのがデザインであるが，通常のテレビでよくあるリモコンは図 2.16 のようなものである。番組の予約はないが，他のそれぞれの機能に対応するボタンがそれぞれ独立して用意してある。番組の選択は，通常のテレビでは放送局を選択することで行われるため，それを選択するための数字のボタンが一定数用意されている。

図 2.16 テレビのリモコン

スマートテレビのリモコンはほぼ同じ機能に対応したものである必要があるが，番組は局ではなく動画コンテンツを直接選択するような視聴の仕方であるため，より多くの選別ができるしくみが必要であろう。実際の製品のリモコンとして，SONY による Google TV と Apple TV のリモコンの例を挙げる。図 2.17 (a) が Google TV のリモコンであり，図 (b) が Apple TV のものである。この二つを見ると，それがほぼ同じ目的の機器のリモコンと想像ができないくらいに両者の設計思想が異なっていることがわかる。Google TV のほう

（a） Google TV のリモコン　　　（b） Apple TV のリモコン

図 2.17　同じ用途に対する異なるインタフェースの設計

は，ほぼすべての操作を手元のリモコンで直接機械的に操作できるような設計にしたものと考えられる。一方で，Apple TV のリモコンは，操作のインタフェースの詳細はテレビ画面に表示することにして，その画面の操作を行うことができる最低限必要な機能だけをリモコンに残したと理解することができる。つまり，両者の違いは，インタフェースとして必要な要素のどの部分を装置としてのリモコンに与え，どの部分をソフトウェアの操作画面に割り当てるかというバランスの違いである。これは，操作可能な機能の違いではなく，インタフェースに対する設計者の思想の違いとしてとらえることができるだろう。必要となる機能をリストアップし，それを手元のリモコンで全部できるように追加していったのが一方であるとすると，もう一方はそれが手元のリモコンになくても操作が可能になるものをどんどん削っていくように考えたものとみなすことができる。必要なものをすべて加えていくという考え方と，最低限必要なもの以外すべて省くという考え方の違いが，これらのリモコンの製品として表現されているのである。

　この違いの良し悪しは，先に述べたように，何を目的とするかで異なるために一概には評価できないだろうし，好みの問題でもある。ただ，ほぼ同じよう

な機能のものに対するインタフェースであっても，このような大きな違いが生じるということは注目すべき点である。インタフェースのあり方は，実現したい目的や機能によって自然に決まってしまうのではなく，どのような操作性とするのかという考え方によって能動的にデザインされるものだということがこの例からよくわかる。このようなインタフェースの設計思想による違いについて意識して観察すると，これほど極端ではなくても異なるコンピュータの OS 間やアプリケーション間でも観察されることに気づくだろう。

演 習 問 題

〔2.1〕 ワードプロセッサを利用するときに，どのようなユーザインタフェースの要素と関わるか，作業の順番に合わせて列挙せよ。

〔2.2〕 コンピュータに文字を入力するインタフェースとしてどのようなものを考えることができるか？

〔2.3〕 すべてをリモコンで行える設計と，最小限の操作機能だけリモコンにあるものとを比較し，それぞれの利点と欠点について議論せよ。

3章 使いやすさのためのデザイン

◆ 本章のテーマ

コンピュータは当初，専門の研究者や技術者が扱うものであったため，その使用方法は詳しい知識を必要とする専門性の高いものであった。コンピュータが一般化されるにつれ，普通の人でも扱えるようにインタフェースが工夫され，またインタフェースがわかりやすくなるとともに，コンピュータが一般に拡がっていった。ここでは，コンピュータのインタフェースをわかりやすくする工夫について，GUI におけるおもなアプローチを紹介する。

◆ 本章の構成（キーワード）

3.1 ユーザインタフェースのデザイン
    わかりやすさとデザイン

3.2 わかりやすさを与えるデザインの工夫
    メタファ，アフォーダンス，マッピング，アニメーション

3.3 デザインコンセプトの違い
    リッチデザイン，フラットデザイン

3.4 デザインとユーザビリティ
    機能，デザイン，リテラシー

◆ 本章を学ぶと以下の内容をマスターできます

☞ ユーザインタフェースと使いやすさ

☞ わかりやすさを与えるデザイン手法

☞ GUI の画面デザインのコンセプト

☞ 使いやすさの実現におけるデザインの重要性

3.1 ユーザインタフェースのデザイン

ユーザインタフェースは，それが同じ目的のものであってもさまざまな**デザイン**が可能となる。例えば，図 3.1 は，両者ともウェブブラウザの操作バーの部分であるが，表に現れるボタンの数や配置，表示されている内容などに違いがある。違いはそれぞれが開発された時代や OS 環境などの要因によるが，たとえ同じ用途のために設計されたものであっても，このように異なるデザインが可能であることがわかる。デザインは単に見た目を綺麗にすることが目的なのではない。その違いはユーザインタフェースの使い勝手（**ユーザビリティ**）に大きな影響を与えるものである。前章で，ユーザインタフェースの評価には良し悪しを判断するための指標を設定する必要があることを述べた。例えば効率，確実性，機能の充実など多様な視点を指標として設定することができるだろうが，一般的なユーザと用途に対しては「使いやすさ」の実現が最も一般的な指標となるであろう。したがって，この章では「使いやすさ」からインタフェースのデザイン面における工夫について見ていこう。

図 3.2 はヘリコプタの操縦室を写したものである。操作のためのさまざまなスイッチ類や計器類が多数並んでいるのを見ることができる。これだけ複雑であると，素人目にはそれぞれが何であるかは，まったく見当がつかない。これら

（a） Google Chrome

（b） NCSA Mosaic（by Daewoo）

図 3.1 ウェブブラウザの操作バーの違い

3. 使いやすさのためのデザイン

図 3.2 ヘリコプタのコックピット [10]

はヘリコプタ操縦のためのユーザインタフェースであるといえるが，これを使いこなすためには，相当の知識と習熟が必要であることは容易に想像がつく。

コンピュータのアプリケーションでは図3.3のようなものがある。これは，3DのCGモデルを作成するCADと呼ばれる種類のものであるが，このソフトウェアを，マニュアルを読んだりチュートリアルで習熟したりせずにいきなり使える人はあまりいないだろう。

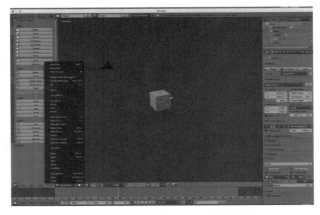

図 3.3 CAD ソフトウェアの操作画面

3.1 ユーザインタフェースのデザイン   53

　ここまで示した例では，その操作には使い方に対する相当の習熟が求められる。これらが初心者に使いにくい理由の一つとして，同じようなボタンがいくつも並んでいることがあるだろう。個々のボタン類を異なる色や形や大きさにして区別できるようにすることがわかりやすさを与える一つのアプローチとなるかもしれない。しかしながら，それだけではそれぞれが何の機能のものなのかをあらかじめ知っていなければ，見た目だけで機能を判別することはできない。どのボタンやスイッチが何の機能のものなのかわかるようにするには，文字や図によるラベルがあれば助かるかもしれないが，いちいち読んで識別するのは面倒であり時間がかかる。例えば，次のような例はどうだろうか？

　図 3.4 は，コンビニエンスストアにあるコーヒーサーバの操作画面である。4 か所ある R と L が丸で囲まれた部分がボタンになっているのだが，これをパッと見たときに，何をどうすればよいのかすぐにはわからないのではないだろうか。また，R と L が右と左をすぐに連想させるが，それとは反対の側にあるのも混乱を生む。おそらく，そうしたわかりにくさから，あとから日本語の説明のラベルをいくつも貼ったのだと推測されるが，表示の内容に関わらずそれらのラベルがすべて同じサイズや種類のため，すべての情報が同じ強度で発信されており，数も多いために情報の理解が難しくなっている。また，それら

図 3.4　コンビニのコーヒー
　　　　サーバの操作パネル

のラベルが，実際に押すべきRやLのボタン部分に比して大きなものになっているせいで，どれが操作の対象なのかもわかりにくい。

こうした例のように，その機械や装置，コンピュータのアプリケーションに用意されている機能を使うことができさえすれば，ユーザインタフェースとしてはとりあえず役目を果たすことはできる。しかしながら，操作に相当の習熟や慣れを要求するものであると，それらが専門家用のものであればよいだろうが，コーヒーサーバのような一般に使用されるものでは説明なしにすぐにわかることが望ましいだろう。そのように考えると「機能を使うことが可能」であるだけでなく「わかりやすい操作」を実現することが望ましく，それはインタフェースをどのようにデザインするかによって大きく変わる部分である。機械や装置において重要なのは機能や性能であるような意識があるかもしれないが，人との関わりを考えるときにはそれがどのように使えるのかという部分が非常に重要なのである。

ユーザインタフェースをいかにデザインするかということは，使いやすさに非常に大きな影響を与える項目である。図3.5は，トイレの水を流すためのレバーの代わりのパネルの例であるが，この場合はそれぞれを押すとどうなるかすぐにわかるだろう。これは，パネル部分の円の面積の大小を，流す水の量の

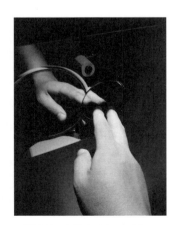

図3.5　水洗トイレのパネル

3.2　わかりやすさを与えるデザインの工夫　　55

多い少ないに対応させているのである。量の大小という概念を視覚的なメッセージとして提示しているため，何のための操作パネルかを考えればその意味はすぐに思いつく。このように，そのデザインだけで操作をわかりやすくするような工夫を考えることが可能である。

　デザインは見た目の格好をよくするために行われると考えがちであるが，ユーザインタフェースの場合はそうした要素以上に使いやすさに大きな影響を与えるものである。「あるデザインをしたら使い勝手が良かった」というような結果論ではなく，初めから使いやすさを与えられるようなデザインを意識的に考えることが非常に重要である。同じ機能のものに対するインタフェースであっても，いくつもの異なるデザインを考えることができることはすでに述べたが，コンピュータを使いやすくするための工夫として実際にどのようなことが行われているのかを次節から見ていくこととする。

3.2　わかりやすさを与えるデザインの工夫

　コンピュータのユーザインタフェースを使いやすさに重点をおいてデザインしようと考えたとき，わかりやすい操作を実現することが重要な要素である。わかりやすさを与えるためにはさまざまな工夫の方法を考えることができる。例えば，説明的な文字を表示しておくのも一つの方法かもしれないが，ここではGUIの環境を例にして，わかりやすさを与えるための視覚的なデザインにおける工夫について見ていくことにしよう。

3.2.1　メ　タ　ファ

　わかりやすくする工夫として**メタファ**を利用することが行われている。メタファとは比喩（特に隠喩）のことである。何かを表すのに別のよく知っているものに例えて表現することであるが，例えば「雪のように白い」という文章のように，他のものを挙げることで表現したいものを表す表現方法である。例の文では，雪は多くの人がよく知っているものであるので，どのような白さなの

かが雪という言葉によって具体的にイメージできるようになるのである。文章表現におけるメタファ（隠喩）とは，「鋼の肉体」のように，例えていることを「～ような」とか「～ように」などの言葉で直接示さないような表現方法を指すが，このような他のものが持つ概念を借りて表現するというアプローチがユーザインタフェースのデザインにも取り入れられている。

例えば GUI の環境で一般的に用意されているものにゴミ箱の**アイコン**がある。ファイル（のアイコン）をゴミ箱に入れる（移動する）とそのファイルを捨てる（破棄できる）ことにつながるということは，現実に紙のファイルをゴミ箱に捨てるという行為の意味を当てはめれば想像できる。現実のゴミ箱は，生活上でいらない「モノ」を一時的に溜めておく入れ物であるからである。そのような理解から，コンピュータ画面にあるゴミ箱がファイルの不要になったものを一時的に保管しておくところだという想像ができるのである。ファイルを移動するにはアイコンをマウスでドラッグするのだという操作方法さえ理解すれば，ファイルを捨てるにはどうすればよいかはマニュアルを読まなくても容易に想像できるだろう（図 3.6）。

図 3.6 現実のゴミ箱とアイコン

そもそも，PC の GUI の環境のデザインの基となるのは**デスクトップメタファ**というものである。これはコンピュータの操作を机の上（デスクトップ）における作業のあり方に例えてデザインしたものである。資料（ファイル）を取り出して机の上で作業し，それをあるフォルダにしまい今度は別のフォルダ

から他のファイルを取り出すといったような作業の進め方とファイルの管理方法を，コンピュータにおける作業の表現としたのである（**図3.7**）。コンピュータでも，フォルダや書類を表すアイコン（**図3.8**）は，現実のフォルダや書類と同じような見栄えを与えて，そのアイコンが表す機能や対象がどのようなものかわかるようにしている。また，メモ帳や電卓といった機能も利用できるようにして，コンピュータの操作全体を机で行う作業になぞらえて構成している。コンピュータの操作環境を机の作業に基づいてデザインされたのは，当初はPCによる作業がそれまで机の上で行っていた事務的な業務を行うために利用されたことから考えると自然な発想といえるだろう。

図3.7 机とフォルダの機能性

図3.8 フォルダと書類を表すアイコン

また，フォルダの内容の表示やアプリケーションの操作画面の表示がウィンドウという単位で行われる。これもウィンドウ（窓）という名前が示すように，コンピュータにおいてファイル構造などを「覗く」入り口としてのメタファとして利用されているものである（**図3.9**）。

58   3. 使いやすさのためのデザイン

図 3.9 コンピュータのデスクトップ画面とウィンドウ

　このように，視覚的なデザインを現実のものと似せることによって，基となったものの用途から連想されるものをユーザに提示するのである。メタファを利用したデザインは，基となったものの知識から類推できる機能面の情報も発信しているのである。ここで重要なのは，アイコンの図が他のものと区別するためだけにデザインされているのではなく，その機能や役割も表していることで，一つひとつのアイコンが示す機能を覚えなくても操作が想像できるということである。適切なメタファの利用は GUI の環境ではわかりやすい操作性を与える強力なアプローチの一つである。

　一方で，知識が一般的でないものをメタファとして用いてしまうと期待した効果が得られないということが起こり得る。例えば，**図 3.10**（a）は架空の電話アプリの操作画面であるが，最近ではこのデザインの基となっているダイアル式の電話（図（b））を知っている人が少なくなっている。この電話の使い方を知らない人は，画面の数字が書いてある円盤がダイアルであることに気づかずに，単に番号を順番にタッチするような操作をしてしまうだろう。メタファの利点は，知っている操作対象のデザインを借りることによって機能が一見しただけで想像できることであり，基となっているものが充分周知されているものでなければその役目を果たすことが期待できないのである。

（a）架空の電話アプリの　　（b）ダイアル式電話
　　　操作画面

図 3.10　ダイアル式の電話とそれを模したインタフェース

3.2.2　アフォーダンス（シグニファイア）

アフォーダンスとは，モノの形状のデザインが特定の行動を促すように働きかけることを意味する（ユーザインタフェースにおける用語としてアフォーダンスという言葉を利用したドナルド・ノーマン（Donald Norman）が，その概念を表す言葉として**シグニファイア**と呼ぶことをその後提唱している）。例えば，図 3.11 にあるようなドアの取手やお湯をわかすケトルの形状はそのような例である。ドアの取手はそれを見ただけで直感的にそこを握るだろう。また，ケトルもどこを持ってどこから注ぐのかという使い方については説明なしにわかるような形状になっているといえる。このように，形状自体が正しい使い方を説明なしに誘発するようなデザインというものが存在する。このような

（a）ド　ア　　　　　　（b）ケトル

図 3.11　ドアとケトルの取手

考え方が利用されていれば，コンピュータの操作においてもユーザの操作を自然に誘導することができるだろう．実際に，GUI にはそのようなデザインのアプローチが多く利用されている．

図 3.12 は GUI 環境におけるウィンドウやダイアログ画面のいくつかを表示している．例えば，ウィンドウの上辺や角のところに立体的にギザギザに見えるようなデザインがされている部分がある．この部分は，他のそうではない部分に比べて摩擦が大きくより引っかかりやすい印象を与えているため，ここをつまんで引っ張ることができそうなイメージを視覚的に与えている．上辺のバーの部分はマウスでドラッグしてウィンドウを移動することができるように見えるし，右下の角は同じようにドラッグしてウィンドウのサイズを変更することができるように見える．ウィンドウを眺めたときに，そこの 2 か所には，そうした操作性が備えられていることをデザインが示唆しているのである．

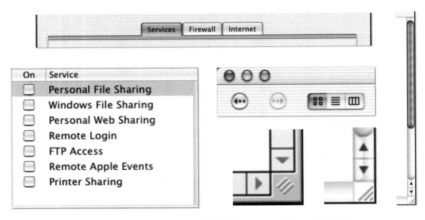

図 3.12　アフォーダンスが利用されている GUI の要素の例

また，ダイアログ画面にはボタンなどのさまざまな部品が表示されているが，操作ができるボタン類は，影などの表現を用いることによって手前に膨らんで見えるようにデザインされている．何の機能なのかはわからないとしても，その部分を「押す」ことができるように見せて，そうした操作を誘っているといえるだろう．ウィンドウの横にあるスライドバーも，バーとそれがは

まっている窪んだレーンの立体的な表現によって，いかにもバーを動かすことができるように見える。

このように，コンピュータの画面を眺めるとアフォーダンスを利用している部分をいくつも見つけることができる。こうしたものは単に色や飾りのように思われてその意味を感じることは少ないかもしれないが，メタファと同様に使いやすさを与える一つの工夫となっているのである。

3.2.3　直感的な行動指針の反映

何かをするときに習慣から自然にとってしまいがちな行動がある。こうした人の自然な認識や行動の振る舞いをインタフェースのデザインに反映させる（マッピング）ことで，直感的な操作をサポートすることができる。

図3.13(a)，(b)には，二組みのほぼ同じ内容のダイアログ画面を示している。この二つの図は，下にある二つのボタンの内容が逆になったものである。大きな違いがないと思えるかもしれないが，このダイアログで要求されている氏名やメールアドレスなどを記入し終わったあとに，次の画面に進むためにどちらのボタンを押そうとするだろうか？　ボタンのラベルをよく読めば「次へ」と書いてあるボタンを押すのは当然なのだが，こうした作業を何回もやっているとよくよく文字を読まずに操作してしまうことがよくある。そのような場合とっさに右側のボタンを押してしまうことはないだろうか？　物事が進んで行く方向として右に向かうように感じる人は少なくないのではないかと思われる。本のページをめくって進んで行く方向であったり，右利きの人が多

図3.13　ダイアログ画面にあるボタンの配置

62　　3. 使いやすさのためのデザイン

かったりと色々な理由を考えることができるが，多くの人の感覚としてそのような傾向があるとすると，それと反する配置ではとっさに反応したときに間違った操作になってしまいがちである。したがって，図3.13（c）に上下に並べたダイアログのうち，上の図のようなボタン配置では間違ってそれまでの操作をキャンセルしてしまいかねない。下の図では，人の感覚と一致した配置になっているためスムーズにOKを選択することができると思われるが，さらに色で区別をすることによって間違いを減らすようにデザインされている。こうした人の常識的な認識や習慣に沿った操作性を考慮することも，わかりやすいインタフェースをデザインするためには考慮すべき要素なのである。

3.2.4　アニメーションの利用

　ここまでは，グラフィック面のデザインを扱ってきたが，コンピュータの性能が上がるにつれ，操作にわかりやすさを与える要素として**アニメーション**を利用したインタフェースも用いられるようになった。

　例えば，macOSでは，使っていないアプリケーションやウィンドウを最小化する（アイコン化）する際にアニメーションによる効果が用意されている。ウィンドウの左上の角にある3色のボタンの中央の黄色いボタンをクリックすることによってDockと呼ばれるコンピュータ画面の下部にあるバーのなかにアイコンとして格納されるのだが，その際，ウィンドウがすぼまってDockの一部分に吸い込まれるような効果がアニメーション（**図3.14**）で表示されるようになっている。これはジニーエフェクトと呼ばれている。ちょうどアニメーションの効果が，アラジンのランプの精（ジニー）がランプに吸い込まれるときのような表現だからそう呼ばれている。

　このようなアニメーションは単に楽しいから用意してあるのではない。もしこの効果がないとしたら，黄色のボタンを押してウィンドウをアイコン化した途端に画面上から消えてしまい，そのウィンドウを再度利用するときにどこを探せばよいのかわからなくなってしまうだろう。このアニメーションのおかげ

3.2 わかりやすさを与えるデザインの工夫　　63

図 3.14　ウィンドウの格納を示すアニメーション

で，ウィンドウがアイコンとして格納されたこととその位置が視覚的に理解できるようになるのである．こうした表示はコンピュータの操作でどのようなことが行われるのかを熟知しているユーザには不要な効果であるが，知識が少ない人に操作の結果を理解させる助けとなる．

　図 3.15 は上の説明にも登場した Dock の図であるが，ここには閉じられたアプリケーションやウィンドウのアイコン以外に，よく利用するアプリケーションのアイコン群が置かれていて，それらをクリックすることで起動できるようになっている．ところで，よく利用するアプリケーションの数が多くなると，それらを表示するためには一つひとつの大きさを小さくしなければならなくなり，それぞれを見分けるのが難しくなる．そのような課題に対応するために，通常は小さい表示となっているが，操作のためにマウスで Dock 上をなぞるとポインタが当たっている部分の周辺が拡大表示されるようになっている．Dock 上でマウスを横に動かすと，ちょうど虫眼鏡で細かなものを見ているよ

図 3.15　マウス下のアイコンが拡大表示される Dock

うに，ポインタの周辺だけスムーズに拡大されていく。ここではアニメーションは，必要なときだけ情報が見やすくなるように拡大することに使われているのである。さらに，この Dock は使わないときには画面の下部に隠れるようなアニメーションとともに消えて，利用するためにマウスを下部に持っていったときだけ現れるように設定することもできる。

このようにアニメーションを加えることによって，変化を起こす操作の理解を助けることができるのである。

3.2.5 デザインの統一性

一つのコンピュータには複数の多様な用途のアプリケーションがインストールされ，使用されている。したがって，そのアプリケーションの数だけ異なるユーザインタフェースが存在することになる。ところで，それぞれのアプリケーションのユーザインタフェースにここまで述べたようなメタファやアフォーダンスなどの工夫がされていたとしても，その表現方法がアプリケーションごとによって異なっていたとしたらどうであろうか。以下の**図 3.16** にあるのは，コンピュータの利用時に色々な場面で現れるダイアログ類である

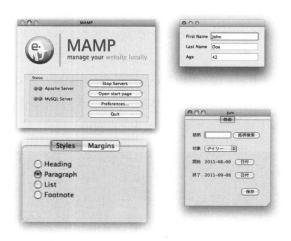

図 3.16 統一された GUI の部品のデザイン

が，すべて共通のデザインコンセプトからなる部品から構成されている。例え
ば，ボタンは角が丸い四角であり選択肢を選ぶボタンは円である。また，どれ
もが陰影などで立体的に見えるようになっている。文字を入力する領域は白
で，他の部分より引っ込んだような表示になっている。以上のように，異なる
ダイアログであっても**統一的なデザイン**による構成要素で作られているのであ
る。これが，ある画面では文字を入力する部分は白だが別の画面では青になっ
ていたとしたら，すぐにそこに文字を入力するのだと気づくのが難しいだろ
う。また，アプリケーションごとにまったく違ったデザインに基づいたインタ
フェースになっていたとしたら，一つひとつのアプリケーションごとに，どの
要素が何の操作のためのインタフェースか個別に理解することが必要になる。

　したがって，ボタンや文字入力のように，アプリケーションをまたいで共通
に基本となる要素に対して同じものを用いるなど，全体で統一されたデザイン
を採用することはコンピュータの環境全体の使いやすさを高めるために重要な
ことなのである。ここまでは個々の要素に対する工夫を見てきたが，操作環境
全体で一貫性を持たせるということも重要なデザイン上の工夫である。

3.3　デザインコンセプトの違い

　コンピュータの性能が向上するにつれて画面上でより精細な表現が可能と
なった。それに伴って，アイコンやアプリケーション画面のグラフィックも当
初の白黒のシンプルな表示から，フルカラーで細かな絵柄のものへと変化して
いき，現実物のリアルな再現が試みられるような変遷も見られる。しかしなが
ら，そうした視覚的なデザインの変化は，性能面による表現の実現性の違いに
よるものだけではない。

3.3.1　初期のデザイン

　GUI の環境ではアイコンが個々のアプリケーションやファイルを表すのに重
要な要素である。表示が白黒で解像度も高くなかった頃の GUI の環境ではそ

3. 使いやすさのためのデザイン

図 3.17　初期のアイコンのデザイン

れらのデザインは図 3.17 のようなものであった。

　図は白黒でドットによって構成されたシンプルなものであるが，それぞれのアイコンが示す内容は充分に判別できる。このようにシンプルなデザインであったのは，当時のコンピュータの性能から多くの色を利用したり解像度の高い画像を利用したりすることができなかったからである。しかしながら，このようにごく少ない線の組合せでも，対象を理解できるような図案とデザインによって多様なアイコンを用意することができたのである。図によって機能を表現する GUI の環境によって，CUI 環境においてコマンドを覚えるよりもコンピュータの操作の習得は非常に簡単になった。

3.3.2　リッチデザイン

　リッチデザインは，詳細に書き込まれた図柄によるデザインである。多くの場合，非常に写実的な表現方法にもなっている。図 3.18 はリッチデザインによるアイコンの例であるが，どれも陰影がつけられリアルな質感を創り出していることがわかる。こうした詳細でリアルな画像をアイコンに利用することは，技術が進歩してコンピュータで利用できるメモリが非常に大きくなり，

図 3.18　リッチデザインによるアイコン群

CPU やグラフィックボードの性能が上がって，そのような高精度の画像表示が可能になったおかげである。先の項で見たように，初期の色数が少なくシンプルな図柄のアイコンでもそれぞれが示す内容を識別するためには十分のように思えたが，アプリケーションの種類も増えてくると，少ない線だけでは識別できるアイコンを大量に用意するのが難しくなる。また，同じような機能のアプリケーションも複数作られるようになると，同じような概念のアイコンでは区別がつくようなデザインを用意するのも大変になるだろう。そこで，色も含めて，だんだん複雑なデザインが利用されるようになった。精密な表現は識別のための用途だけでなく，美麗で高級感を与えるような効果もある。

ところで，先に写実的な表現と述べたが，そこで描かれているものがまったく現実のように表現されるというわけではない。図 3.18 のアイコンを見てわかるように，表示されている内容自体はコンセプトを図示したりデフォルメされたりしたような表現のものがある。ただし，紙や金属の質感を持っていたり立体物であるかのような陰影がつけられていたりして，アイコン自体が現実のモノであるかのような表現になっているのである。

スマートフォンでは一時期，ほとんどのアプリケーションにおいてリッチデザインのアプローチがアイコンの作成に採用されていた。これによって，ひと目で個々のアイコンを識別できると同時に，画面全体の統一感と高級感や高性能感を持たせてもいたのである。

3.3.3　スキュアモーフィズム

アプリケーションには，その操作画面が，同じ目的や機能の実物にある装置とまったく同じになっているものが存在する。例えば**図 3.19** はオーディオ機器の例であるが，同じ機能を持つ現実の装置と，そのインタフェースだけでなく見た目が非常にリアルで同一なものとなっている。このようなユーザインタフェースデザインのアプローチをスキュアモーフィズムと呼ぶ。

スキュアモーフィズムは，基となっている道具や装置の機能をインタフェースを含めてそのまま再現しようとするものである。それによって，基となった

図 3.19 オーディオ機器の操作画面を模した GUI
〔User interface of the Redstair GEARcompressor AU-Plugin
(OS X), Klaus Göttling[11]〕

道具の操作を知っている人は説明なしで使用できるようになる。図 3.19 では，見栄えがまったく同じ操作インタフェースを再現することによって，現実の音響関係の装置と同じ機能を持つコンピュータのアプリケーションを作ったものである。同じにしたのは画面や部品のデザインだけではなく，その操作性についても，例えば，ボリュームスイッチやトグルスイッチのようなものは，マウスで操作するにせよひねるように操作するのは同じであるし，その出力についてもわざわざ針が値を示すメータを再現している。

　そのほかにも同じように機械的な装置をそのまま再現した例がいくつもある。図 3.20（a）は磁気コンパスの機能を再現したスマートフォン用のアプリである。その見た目も本物と同じようになっているが，それだけでなくその使用方法も，スマートフォンを水平に持ち，針（赤い三角）が北の方向を指すというものでまったく同じである。つまり，この画面を見ただけで，磁気コンパスを使ったことがある人であれば，どのように使い，その結果をどのように理解すればよいのか説明なしにわかるということである。

　図（b）は本の内容をテキストファイルにしたものを読むためのリーダと呼ばれるアプリの一つである。最近では電子書籍と呼ばれ，コンピュータで本を読むことが普及しはじめている。コンピュータで長いテキストファイルを読み進むのには，スクロールバーと呼ばれるウィンドウの端にある部分をスライド

3.3 デザインコンセプトの違い

（a）磁気コンパス　（b）テキストファイルリーダ
図 3.20 スキューモーフィズムによるインタフェース画面の例

させることで行っていた．しかし，本を読むという行為は，その内容である文章を読むということだけではなく，紙を束ねた「本」によって，ページごとに読む行為が習慣として馴染んでいるという背景がある．そのため，本をスクロールのように連続した形で読むことに抵抗を感じる人もいたのである．そこで，電子書籍を読むための専用のアプリとして，実際の本を読むのと非常に近い感覚で文章を読むことができるようなインタフェースとして，ページをめくる動作を模したものがデザインされている．図 3.20 にもその場面が現れているが，ページ単位に文章が表示されていて，次に進むには端から「ページをめくる」ことによって行われる．実際には操作に合わせてページがめくられるようなアニメーション表示が行われるのであるが，このようなインタフェースによって，ページごとに読んでいくという現実の本を読み進めるのに近い感覚で文章を読むことができる．特にタッチパネルでは，指で実際にページをめくっているような感覚が得られる．また，ページ単位で文章が配置されているので，現在のページ数から読んだ割合を知るというような認識の仕方も，現実の本と同様に持つことができる．

このように，**スキューモーフィズム**とは単にリッチデザインのように表示を

精密化したというのではなく，基となった装置の機能をその操作性そのままにコンピュータに持ち込むことが目的であり，そのため，表示も現実に近づけたリアルなものとしている．他の概念の利用という意味では，メタファと似たアプローチとも感じられるが，メタファはその図が示唆する概念をコンピュータ上の操作に翻訳して使用するのに対して，スキュアモーフィズムは対象となる道具をそのまま再現しているという点で異なったものである．

　さて，このようにすれば，基になったものに対する知識がある人は説明なしに使用することができて，わかりやすいインタフェースを作るには最善の方法であるように思えるが，このアプローチにも課題がある．例えば，本のようなインタフェースを利用したアプリケーションの一つとして，連絡先を管理するものがあるが（図 3.21），現実の本と同じようにページの端の方にページが何枚も重なっているように見える図柄が採用されている．ページを 1 枚ずつめくることができるようなインタフェースを用意していることに合わせて，ページが複数重なっているような表現があれば，ユーザは数ページまとめてめくって先に進んだり前に戻ったりできることを期待してしまうだろう．ところが，そのような機能がなくて，操作としては 1 枚ずつしか扱えないとすると，その表示のデザインが示すメタファから大きく裏切られたように感じてしまうことになる．表示として本物を真似ていても，その表示が示唆する機能性を完全に再

図 3.21　誤った操作感を誘う可能性のあるデザイン例

現しきれていないとかえってユーザがフラストレーションを持ってしまうようなこともあり得るのである。

また，別の問題もある。先に図 3.19 で示したような現実にある機器の再現をする場合，基となる機器のボタン類やメータの配置は物理的や機械的な制約によって影響を受けている。すなわち，内部の部品のサイズなどによって，大きさや配置の間隔などが決定されてしまうことがある。コンピュータによればそうした物理的な制約にとらわれずに自由なレイアウトや大きさのデザインが可能であるはずだが，現実に忠実な再現をすることが優先となってしまっているあまりコンピュータによる利点を捨ててしまうことにつながってしまうのである。さらに，本来であれば同じ機能を実現するにあたって従来の機械的な制約の下ではできなかった，コンピュータであるからこそ可能になる革新的な使い方を提供できる可能性を，従来のものの模倣によって捨ててしまうことにもなる。例えば，現実を模した計算機のアプリケーション（図 3.22（a））は，操作はまったく電卓と同じであるが，コンピュータではもっと賢いインタフェースを実現することができる。例えば，図（b）は，そのような一例である。ここではキーボードを使って，数値などは入力するようになっているが，

(a) (b)

図 3.22 計算機アプリケーションの異なる設計例

単に数値と四則演算のような計算記号だけでなく，percentage（パーセント）やage（年齢），minutes（分）というような単語を数値と合わせて入力することで，それらの言葉が表す概念も解釈したうえで数値の計算を解釈するような高度な処理を実現することができる。このように，より人にとって理解しやすい操作手段というものを自由に考えることが本来可能であるはずだが，現実にある道具のデザインを模倣することで機能を制限してしまうことになるのである。

3.3.4 フラットデザイン

リッチデザインやスキューモーフィズムなどによって，リアルで立体感があり精密な表現が隆盛になると，今度はそれとは反対にシンプルに単色の組合せで表現しようとする**フラットデザイン**と呼ばれるアプローチが提唱され，主流を占めるようになってきた。

図3.23 にあるのは，同じアプリケーションのグループに対する異なるデザインアプローチによるアイコンである。図（a）がリッチデザインであり，図（b）がフラットデザインによるものである。フラット（平板）なデザインは，その名前のとおり陰影などをつけずに色ごとに単色で塗りつぶされており，非常に平面的な印象を与えるものである。リッチデザインの立体感や細かな描写とは反対の表現方法といえるだろう。

（a）リッチデザイン　　　　　　（b）フラットデザイン

図 3.23　リッチデザインとフラットデザイン

このようなデザインに移行してきたのにはいくつかの理由が考えられる。スマートフォンやタブレットPCによって表示の画面がデスクトップPCよりも小さくなったため，リッチデザインによる詳細な表現は細部が判別しづらくなり，かえって見づらくなってしまうことがある。また，他のものを再現するような表示の追求が主となってしまい内容を図案で表現することの工夫から離れてしまったことや，全体として統一されたデザイン感を作ることが困難であること，さらに基となる事案によるメタファが強力に連想されてしまい，ときにはユーザに誤った操作や機能の印象を持たせてしまうことなどがあるだろう。それに対してフラットデザインは，コンピュータのアプリケーションとしての独自のデザインのインタフェースを作ることができる。またシンプルで情報を把握しやすく狭い画面でもスッキリとした印象を与えることができて，統一的なデザインをしやすい。さらに，先に挙げたスキュアモーフィズムの問題点に対する反省も要因である。

図3.24は，フラットデザインによるアプリケーションのインタフェース例である。その日の歩きや走りの距離などを記録するものであるが，色や大きさ，線の長さを利用して，必要な情報を抽象的な表現で与えている。リッチデザインのように，情報を知るためには余計なものである装飾や陰影，背景の画像などが省かれているために，提示されている情報に集中しやすい利点があ

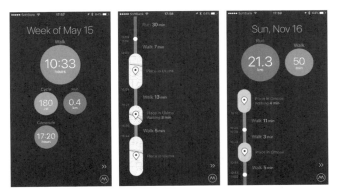

図3.24　フラットデザインを利用したアプリケーション画面

る。

　一方で，フラットなデザインではメタファやアフォーダンスを与えるデザイン的な工夫の余地が少なくなるため，事前に知っていないと操作を類推で知ることが難しくなる可能性がある。全体が塗りつぶしで色だけが違うような表示であるため，どこが操作する箇所で，どこが背景表示なのかを区別するのが難しい。例えば，**図 3.25** は，iOS のメールアプリである。1 件のメールを示す長方形の区画を横にスライドすると，既読にしたり，ゴミ箱に捨てたりするための色付きの矩形が現れるようになっている。しかし，一覧画面を見ただけでは，ただメールごとに細線で区切られているように表示されているだけで，そのような機能があることを示唆するような視覚的な仕掛けは用意されていない。そのため，そうした操作に気づきにくい。

図 3.25　フラットデザインと操作性

　このような例を見ると，リッチデザインやスキュアモーフィズムなどのアプローチからフラットデザインに移行することは，一見するとユーザへのわかりやすさを目指してきた方向性と反しているようにも見える。しかしながら，スマートフォンなどのモバイルデバイスが主流となってサイズの小さな画面が主流となったときの見やすさや情報の理解のしやすさなどの面を考えると，これも使いやすさを追求する一つの方向であることがわかる。フラットデザインのような操作自体を誘導するような要素が少なくなるようなアプローチへと移行

することが可能となったのは，ユーザとなる多くの人がすでに PC やスマートフォンの操作を経験し，アプリを利用するときの一般的な操作や期待される機能についての知識を一般常識的に備えるようになったことが背景として挙げられる。メタファやアフォーダンスの工夫は初めて使用する人達への有意なサポートであるが，一度操作方法や内容を知ってしまえばそうした誘導がなくても扱うことができる。慣れてくれば，過剰な装飾的な要素はかえって邪魔に感じることがあるのである。

3.4 デザインとユーザビリティ

　本章では，ユーザインタフェースの使いやすさを実現するためにどのようなデザイン的な工夫があるのかについて述べてきた。デザインは，見た目のファッション性や，美しさや格好良さ，見やすさ，使用するときの気分の良さ，楽しさ，などの要素に貢献する。こうしたことがデザインの目的として普通に認識している要素であろう。しかしながら，ここまで見てきたように，ユーザインタフェースにおいてデザインは**ユーザビリティ**に大きな影響を持つことがわかる。したがって，単に格好が良いなどの感覚的な理由だけでデザインすると使えないものになってしまう可能性がある。ただし，使いやすさだけを考慮したデザインでは味気ないものになってしまうかもしれない。したがって，ユーザインタフェースでは，見た目と使いやすさをいかに同一のデザインとして実現するかということが課題といえるだろう。わかりやすさを与えるためには具体的な表現がよい場合も多いだろうが，格好の良さではシンプルなデザインがよい場合もある。ここまでで述べたさまざまな要素では，たがいに相反するような性質のものも存在するが，それらをいかにバランスして組み合わせるかということが重要になる。しかしながら，フラットデザインとメタファやアフォーダンスが相反する概念というわけではない。フラットデザインのアプローチのなかで与えることができる範囲でデザインを考えることは有効なはずである。ただ，単色の塗りつぶしが多くなることで操作部分や操作の反応を

認知することが難しくなることが予想されるため，メタファやアフォーダンスを画像のデザインとして行っていた役目をアニメーションによって補うなど他のアプローチによって補完する必要があるだろう．例えば，図 3.26 はフラットデザインのアプローチによってデザインされているが，各項目を示す単色の矩形の左端に，矢印の頭の部分だけのようなシンボルが描かれている．これは，このトピックスのもっと細かな内容がここに含まれていることを示唆するようなメッセージを発している．従来のものに比べると非常に簡素なシンボルであるが，これまでの似たようなインタフェースの経験から，シンプルなデザインからでもそれが意味していることをユーザは読み取れるようになっているのである．

図 3.26　フラットデザインにおけるアフォーダンスの利用

本章で取り上げたアプローチの多くのものはグラフィカルなデザインの工夫がおもなものであったが，ユーザインタフェースの工夫という面では，画面遷移やアニメーションなどの操作によって起こる視覚的な変化や，操作の手順などについても考慮する必要がある．そうした要素すべてを統合して一つのものとまとめる力がユーザインタフェースのデザインには必要である．また，ス

演　習　問　題　77

キュアモーフィズムからフラットデザインへの移行に関連して述べたように，使いやすさのために必要となる手段は，対象となるユーザの，特にディジタル機器の操作に関するリテラシーの状況に依存する。そうした考慮がよりよいインタフェースをデザインするためには重要である。

演　習　問　題

〔**3.1**〕　ユーザインタフェースをあえて使いづらいようにデザインするようなことはあるだろうか？　あるとすればどのような場合や用途だろうか？

〔**3.2**〕　図3.5のコーヒーサーバ用のわかりやすいインタフェースとして，どのようなデザインが考えられるだろうか？

〔**3.3**〕　自分がよく使っているアプリケーションを選び，そのユーザインタフェースについて，どのような工夫がされているか分析せよ。

4章 コンピュータとの対話

◆本章のテーマ

　コンピュータのインタラクティブな操作は，いわばコンピュータと対話することに例えられるだろう。対話の仕方にも現在では多様なものが用意されているが，コンピュータとの対話方法の違いが人にどのような影響を与えるだろうか，また，与えないのだろうか？　インタラクティブであることはコンピュータの使用に何をもたらすのか，操作手法の違いを知り，それが使用内容や質に与える影響を理解する。

◆本章の構成（キーワード）

4.1　インタラクティブとは何か
　　　インタラクティブ，インタラクション，インタフェース
4.2　インタラクティブなもの，インタラクティブでないもの
　　　バッチ処理，利点と欠点
4.3　インタラクションの実現
　　　イベント，イベントドリブン
4.4　インタラクティブ性の活用
　　　作業への反応，操作への反応

◆本章を学ぶと以下の内容をマスターできます

☞　インタラクティブやインタラクションとはどのようなものか
☞　操作がインタラクティブであることで何が実現されるのか
☞　インタラクティブではないものとはどのようなものか
☞　インタラクションはコンピュータの操作性にどのような性質を与えているか

4.1 インタラクティブとは何か

現在，コンピュータを使うときには，アプリケーションを起動し，何らかの操作をし，結果を確認してまた操作するということを繰り返している。例えば PowerPoint のような発表用のスライドの作成では，図や文字をページの構成を確認しながら書き入れる。作成した図はすぐに画面に現れるし，その位置や大きさを変更すると，その変化が表示としてすぐに反映される。また，ウェブサイトでのショッピングでは，商品を選択するために検索したり関連商品を調べたりするためにブラウザで色々なページを移動する。リンクをマウスでクリックすると，それに反応してブラウザの他のページの内容に表示が移り変わる。これらの例のように，ユーザが何か操作を行い，それに対してコンピュータが反応するというやりとりを何回も繰り返すことを行っているが，コンピュータがその間，処理を繰り返していることをあまり意識することはないくらい早くに反応が返ってくる。

このように，起こした操作に対して即時に反応があり，やりとりを繰り返すような操作方法は**インタラクティブ**（interactive）な操作と呼ばれる。処理の進行が会話をしながら進めていくのと同じように行われることから**対話型処理**とも呼ばれる。インタラクティブとは相互に作用するとか，双方向の，という意味の英単語であるが，コンピュータに関連しては，操作に対してコンピュータやアプリケーションの反応があり，その結果を見てまた別の操作をするということを繰り返す方法を指す言葉として用いられる。また，そうした対話式に双方向に反応することを**インタラクション**（interaction）と呼ぶ。

コンピュータにおいてインタラクティブな操作をするものの例として PC ゲームを挙げることができるだろう（**図 4.1**）。例えば，シューティングゲームと呼ばれるようなジャンルのものであれば，画面内に CG によって表現される３D 空間が表示されていて，そこをコントローラで好きな方向に移動することができる。このことを細かく分けて考えてみると，まずコンピュータからある場面がプログラムを実行した結果として提示され，つぎにその結果を人が見

80　　4. コンピュータとの対話

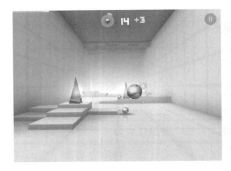

図 4.1　インタラクティブな操作をするものの例（PC ゲーム）

て前に進んだり左右に曲がって移動したりするなどの操作を行う。その操作に対して今度はコンピュータが反応して，その操作に対応した風景を表示する。このようなことを細かく繰り返すことによって，仮想的に創られた空間を自分で思うように移動しているような操作感を与えることができているのである。また武器を使って敵やモンスターを倒すという処理についても同様で，表示された敵の映像に対して武器を使う操作をすると，それに対応した視覚的な効果の表示と合わせて敵を倒したかどうかの判定も行い点数として反映する。人からの入力として，移動や武器を使うことがコンピュータに入力され，それを受けてコンピュータ（ゲームのソフトウェア）はそれぞれの指示に対応した表示を刻々と出力として用意するのである。

　インタラクティブな操作の例としては，先にも触れた PowerPoint や，Word，メールのソフトウェア，ウェブブラウザのようなアプリケーションも挙げることができる。いずれも，人が入力したことに即時に反応して，その内容を画面に表示したり選択したものに対して表示したり必要な処理を行ったりする。こうして考えると，現在の PC やモバイルデバイスで利用されているものの多くがインタラクティブな方法で操作されるものだとわかる。現在のコンピュータの操作は，ほぼインタラクティブに行われているのである。

　さて，これらの例における操作と反応というやりとりの内容を分析してみると，コンピュータが提示している状況に対して，人が操作できることには選択

肢があるということがわかる。ゲームの場合では，ある場面で前に行くか後ろに戻るか，右か左か，もしくはそこで敵を攻撃するのか，攻撃するとしたらどの敵から攻撃するのか，と多くの選択肢が提供されている。Word や PowerPointなどによって文章やスライドを作成する際にも，まずどのような内容をどのような色や大きさで作るのかについて，それこそ無限の選択肢があるといっていいだろう。操作に多くの選択肢がありそれを選ぶ順番はあらかじめ決定されていないことや，操作の順番や内容が結果に反映され状況が刻々と変化していくことなど自由度が高いことがインタラクティブな操作の特徴である。

4.2　インタラクティブなもの，インタラクティブでないもの

　コンピュータの操作は，現在ではほとんど**インタラクティブ**なものになっていると述べた。インタラクティブであることが普通のことになっているようであるが，それではなぜ皆インタラクティブな方法になっているのだろうか？また，インタラクティブではないものとは何だろうか？　ここでは，インタラクティブであるということがどのような意味を持つのかを考えるために，「そうではないもの」について考えてみることにしたい。

　インタラクティブであるということは，インタラクション（やりとり）があるということである。つまり，何かしたらそれに対して反応があり，それが結果としてその都度反映するということであった。そうではないということは，インタラクションが途中にまったくないということである。そうしたものがあるのかと訝（いぶか）るかもしれないが，コンピュータ以前のメディアではそれが普通のことであった。すなわち，映画やテレビ，ラジオの番組などはあらかじめ用意されたものを初めから終わりまでそのまま受け取るものであり，途中で何かをしてストーリーや内容が変わるというものではない（テレビで，リモコンによる多くの人のアンケート集計で結末を選択する，という試みもあった）。

　インタラクティブでないものの例と，先に挙げたインタラクティブなものを比較してみると，それぞれの特徴としてつぎのようなことに思い当たる。非イ

82   4. コンピュータとの対話

ンタラクティブなものは作られたものをそのまま受け取るものであり，情報や内容を伝達する手段としては効率的である。しかしながら，当然のこととしてコンテンツに変化を与えることはできない。コンテンツは完成したものであることが前提である。それに対してインタラクティブな操作が可能なものは，コンテンツや結果に変化を与えることができる。とはいってもゲームのような完成されたコンテンツの内容自体を変更するわけではないが，イベントの順番であったり行動のスムーズさであったりと，コンテンツによる経験は人それぞれに異なったものになる。また，時間的にも急いでやるか，ゆっくりやるかという自由度がもたらされる。先にも挙げたワープロやプレゼンテーション作成などに加えて，動画コンテンツやCGの作成などさまざまな創作の作業も，コンテンツを変えていくものととらえることができるだろう。

　こうしてまとめてみると，**非インタラクティブ**なメディアは創り手のデザインのままを鑑賞するものであり，提供する側にとっては意図した形をそのまま伝えることができる方法となっているのに対して，インタラクティブなものは，そのコンテンツとのやりとり（インタラクション）を愉しんだり，自ら創作するための環境を提供したりするものであるという違いを認識できる。

　では，コンピュータの操作方法にインタラクティブではないものはあるのだろうか？　インタラクティブではないということは，人からにせよコンピュータからにせよ，一方的に働きかけて終わりということであるが，コンピュータに処理をさせて，その結果は放っておくということはあまり考えられない。したがって，始めにコンピュータに指示を出して，その結果が出てきたら全体のやりとりが終わるというものをインタラクティブではないとして考えよう。このような処理方法は一般的に**バッチ処理**と呼ばれる。また対話型に対して**非対話型処理**という呼び方もある。**図 4.2**にインタラクティブなコンピュータのやりとりとバッチ処理の場合のやりとりを示した。

　バッチ処理とは，例えばコンピュータに行わせる処理の内容をプログラムとして与え，それを実行させて結果を得るというものである。コンピュータの初期の頃やメインフレームのような大型のコンピュータの利用ではこのような形

4.2 インタラクティブなもの，インタラクティブでないもの

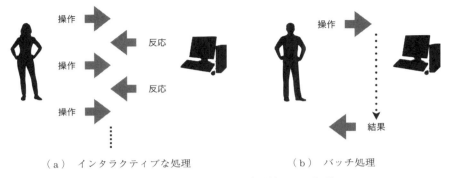

(a) インタラクティブな処理　　　　(b) バッチ処理
図 4.2　インタラクティブな処理とバッチ処理

式で処理が行われることが多い。この方法で扱われるような処理内容は，例えば，基幹業務など大量のデータの定期的な処理が挙げられる。基幹業務とは企業で仕事を支える販売や生産管理や会計処理や人事情報などの業務のことである。こうした処理の特徴は，特定の決まった処理（定型処理，定型業務）を繰り返し行うことである。決められた処理を大量に行うということは，まったく同じ処理内容を多くのデータに対して繰り返し適用することであり，一つひとつの処理の結果を確認して修正や変更を加えるようなことはしない。したがって，インタラクティブな操作が必要ないどころか，そうした確認がないほうがむしろ効率がよいのである。バッチ処理では，処理の途中で人がいちいち操作するのではなく，あらかじめ仕事を与えたあとは，コンピュータに処理をまかせておくような使い方となる。逆に，大量の仕事を行っている間，キーボードやマウスからの反応を受け付ける必要がないため，多くの人の異なる処理を集めておいて順次処理をすることができる。一つの処理が終わったあとで人の判断を待つようなインタラクションが不要であることから，コンピュータの処理能力（資源）を効率よく配分して利用することができる。インタラクティブな方法で使用する際にコンピュータをその間一人で専有するのとは違う点である。

　このような処理の仕方の違いは，例えば洗濯物を例にとって考えるとわかりやすいかもしれない。洗濯物をクリーニング店に出せば，洗うだけではなくアイロンもかけたうえで，きちんとたたまれて渡してくれる。他のお客さんの洗

濯物と一斉に扱うため，受け取るまでにある程度の時間はかかるが，渡すだけで全部の工程が終わった形で返してくれる。一方，自分で洗濯をする場合は，洗濯物を洗濯機に入れ，洗剤などの用意をし，洗濯機の設定をして動かし，終わったら干して，乾いたら取り込み，アイロンをかけてたたまなければならない。一つひとつの工程につねに付き添って自分で行うことが必要だが，何日か待つことなく終えることができる。また，洗濯やアイロンの途中で1枚ずつの状態に合わせて特別な処置をすることもできる。クリーニング店の利用がバッチ処理に相当し，自分で洗濯するのがインタラクティブな方式に相当するというわけである。

　さて，このようなインタラクティブな処理とバッチ処理の比較をまとめてみよう。単純に考えるとバッチ処理は昔のコンピュータの性能が低いときには，コンピュータはそのようにしか使えなかったともいえるだろう。インタラクティブな操作を提供するためには，操作に即時に反応するように処理を実行し，GUIの画面を随時更新することが求められるが，それには相当の処理性能が必要なのである。したがって，コンピュータの性能が低かったときにはバッチ処理で行い，現在の進化したコンピュータになって，ようやくインタラクティブな操作が可能になったという側面がある。しかしながら，現在でもバッチ処理が利用されているのは，インタラクティブな処理にはない利点が存在するからである。それぞれの特徴を簡単にまとめたものを**表4.1**に示す。

　表を見て気づくことは，一方の利点がほぼ他方の欠点となり，一方の欠点は他方の利点となっている点である。例えばバッチ処理の利点として，途中に人

表4.1　インタラクティブな処理とバッチ処理の特徴

	インタラクティブな処理	バッチ処理
利点	操作の結果をすぐに確認できる 途中で修正できる 反応により操作を変更できる 進行を確認しながら処理を進めることができる	大量の処理が可能 処理の途中に人の手が要らない コンピュータの利用を最適化できる 多くのユーザでコンピュータを共有できる
欠点	大量の処理を行うのが困難 同じ処理を繰り返すのが面倒	結果を終了まで確認できない 途中で修正できない

4.2 インタラクティブなもの，インタラクティブでないもの

の手の介入が要らないということと，大量の仕事を処理することが可能という項目がある。これらの項目を合わせると，先にも述べたような企業で扱う大量のデータに同じ処理（定型処理）を繰り返し行うような場合に適している（図4.3）。具体的にどういうことかというと，例えば会社の売上げデータの処理について，各支店のデータについて同じ計算を行うようなものがあったとする。バッチ処理では，それらについて計算をどのように行うのかという手順を設定したもの（プログラム）があり，それが各支店のデータの一つひとつに同じ処理内容を適用するのである。この処理をインタラクティブな方法で行うことを考えてみるとつぎのようになるだろう。まず，いくつもある大量のデータから一つ選択し，そこにいくつかある決まった操作を順番に指定して実行する。一つの操作をして反応が返ってきたらつぎの操作を行い，一通り終わったらつぎのデータに移って同じことを繰り返す。これを全部のデータに対して人が繰り返し行っていくのである。このような仕事においては，一つの計算のあとに，それを確認したからといって，つぎの処理内容を変更したりするわけではない。あらかじめ決められた処理を，順番も変更せず繰り返し実行することが求められているのである。このような仕事に対しては一括に処理を請け負うバッ

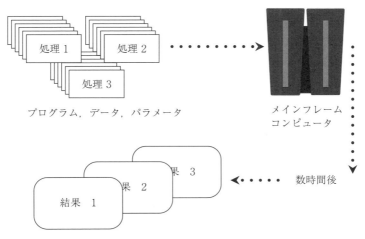

図 4.3 複数のデータを同一の内容で処理する（バッチ処理）

チ処理のやり方が適していると理解できるだろう。

　一方で，インタラクティブな方法では，どのような処理をどのような順番で適用するのかがあらかじめ決められないようなものを扱うことができる。**図4.4**にはそうした操作方法のあり方を図示した。図4.3で示したものとは異なり，処理の個々の局面ごとにコンピュータから途中経過が提示され，その結果を確認したうえで，ユーザ（人間）が修正したりつぎの指示内容を決定したりして作業を進める。結果を見て，指示の順番が異なることや繰り返し修正し直すようなことも可能である。例えば，PowerPointのスライドを作成するような作業は，スライドの枚数が何枚になるか，文字の大きさや色をどうするか，どのような図を作りどこに配置するかなどは，画面を見ながら調整して行うことである。事前にすべての内容とレイアウトが決まっているわけではなく，作成しながら内容も考えていくのが適した方法といえる。

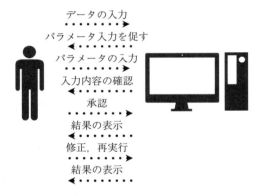

図4.4　コンピュータとのやりとりにより進める操作

　それでは，現在インタラクティブに行われている作業を，インタラクティブではない方法で行うと，どのようになるだろうか？　例えば，パンフレットのように，文章を基にしたドキュメントを作成することを考えよう。現在ではワープロを使って，文字の大きさや色や配置を，印刷される結果と同じ（**WYSWYG**：What You See is What You Get）見栄えを画面上で確認できる。こ

4.2 インタラクティブなもの，インタラクティブでないもの 87

れに対して，論文の作成などによく用いられるものに TeX と呼ばれるソフト
ウェアがある。TeX では文字のサイズや配置などをどのように設定するのかを
文章ファイル中に埋め込み，コンピュータで処理をすると，整形された文章
ファイルとして出力される（**図 4.5**）。インタラクティブな方法では，個々の
場面で文字の大きさやフォント，配置などを自由にレイアウトすることができ
るし，結果を見ながらデザインを修正していくことが可能である。一方で，
TeX のように処理を一斉に行う場合は，長い文章や，論文のように文書の
フォーマットに対して多くの決まり事があるようなときに，あらかじめ設定さ
れたフォーマットに沿った出力を得るのに便利である。

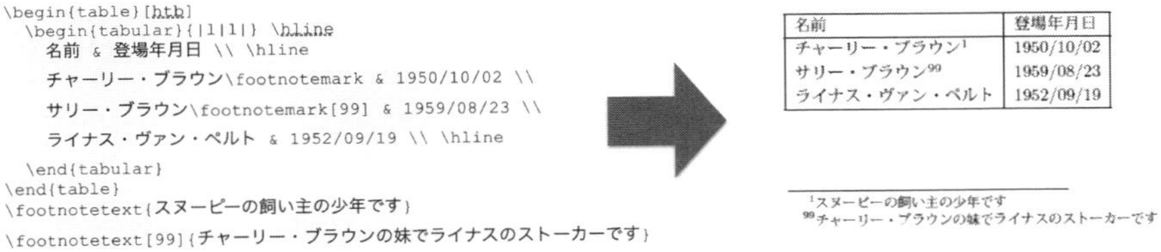

```
\begin{table}[htb]
  \begin{tabular}{|l|l|} \hline
    名前 & 登場年月日 \\ \hline
    チャーリー・ブラウン\footnotemark & 1950/10/02 \\
    サリー・ブラウン\footnotemark[99] & 1959/08/23 \\
    ライナス・ヴァン・ベルト & 1952/09/19 \\ \hline
  \end{tabular}
\end{table}
\footnotetext{スヌーピーの飼い主の少年です}
\footnotetext[99]{チャーリー・ブラウンの妹でライナスのストーカーです}
```

名前	登場年月日
チャーリー・ブラウン[1]	1950/10/02
サリー・ブラウン[99]	1959/08/23
ライナス・ヴァン・ベルト	1952/09/19

[1] スヌーピーの飼い主の少年です
[99] チャーリー・ブラウンの妹でライナスのストーカーです

図 4.5 TeX による文書整形

　このように違いを比較してみると，インタラクティブではないものはコン
ピュータがすべてを行う処理のことであり，一方でインタラクティブなものは
人の行為をコンピュータが翻訳して実行するようなものととらえることができ
る。

　現在使用されている個々のアプリケーションは全体としての操作感はインタ
ラクティブに行うものになっていても，時間がかかる処理については，やはり
コンピュータがすべてを行うまで人の操作は受け付けない部分があり，それぞ
れの要素が混在しているようになっている。例えば，CG を作成するソフト
ウェアでは，形状を創るところは人がマウスなどを操作してインタラクティブ
に作成していくが，光の効果を取り入れるレンダリング処理についてはコン
ピュータがアルゴリズムに従ってひたすら行うのである。

4.3 インタラクションの実現

ここで少し技術的な面について理解しておこう。インタラクティブに反応するコンピュータのシステムやアプリケーションはどのように作られるのだろうか。例えばバッチ処理であれば処理する内容があらかじめ決まっているため，処理の内容をプログラムとして順番に記述しておき，最後に到達したら終了とすればよい。しかしながら，インタラクティブな処理では，例えばキーを押したりマウスをクリックしたり任意の順番で任意の内容の処理を行うことになる。それらの操作は順番や内容があらかじめ決められているわけではない。事前に決まっていないものを，どうやってプログラムとして記述できるのであろうか。

まず，インタラクティブではない処理について考えてみよう。インタラクティブではないものは，あらかじめどのような処理を行うか決定されている。図 4.6 は非常に簡単に，非インタラクティブな処理におけるプログラム実行の流れを概念的に表したものである。部分的な処理が順番にこなされていき，最後まで終われば全体の処理としても終了する。細かく考えると，途中で条件分岐や繰り返しがある場合もあるだろうが，大きな処理の流れとして，一つのも

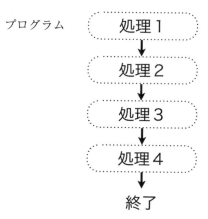

図 4.6 逐次処理のプログラム構造

4.3 インタラクションの実現 89

のが終了したらつぎを行い，すべてが終われば終了という流れとして理解する
ことに問題はないだろう。途中で人が処理の順番を選択するのではなく，あら
かじめプログラムとして記述された順番で処理をこなしていき，すべてが終わ
れば終了となるような構造である。

さて，インタラクティブなアプリケーションはその処理をどのようにしてプ
ログラムとして記述するのであろうか？ 処理を事前に実行の順番に記述する
ことはできない。その代わり，色々な入力のイベントに対応した処理をあらか
じめ用意しておき，それらのイベントが発生したときに対応する処理が呼び出
されるようなしくみになっているのである。つまり，色々な要望に対応する係
をその数だけ用意しておき，特定の要望があったらその係に対応をまかせると
いう方式である。したがって，待機していても呼び出されない係もいることに
なる。処理内容を記述することについては非インタラクティブな処理の場合の
プログラムと同様であるが，インタラクティブな処理のためのプログラムの重
要な役割は，特定のイベントとその処理内容を対応させることなのである。

ここで，**イベント**と呼ぶのは，例えばマウスがクリックされたとか，キー
ボードの X のキーが押されたとか，右の方向キーが押されたというような，
人がインタフェースを介して行った操作である。それらのイベントによって駆
動される（driven）アプローチということで，**イベントドリブン**な設計と呼ば
れる。イベントドリブンによる処理の実行についての概念図が**図 4.7** である。
プログラムとして処理 1 〜 4 が用意されており，それぞれ，イベントの 1 〜 4
が起こったときに呼び出されて実行される。ここでは先の非インタラクティブ
なものについての実行の仕方とは異なり，それらの処理の実行の順番が指定さ
れているわけではない。それぞれの実行は人がどのような操作をしたかによっ
て異なるのである。図では，まずイベント 3 が起こる操作が行われ，つぎにイ
ベント 1 が，そしてまた 3 で最後に 4 が操作として行われたことを示してい
る。それぞれのイベントが操作によって発生したときに，それに応じて，処理
3，処理 1，処理 3，処理 4 がその都度，イベントが発生した時点で実行される
のである。また，この図の操作の範囲では，用意されているにも関わらず処理

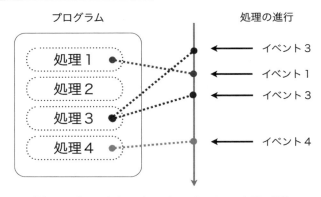

図 4.7　イベントドリブンによるプログラム実行の構造

2 は実行されていない。それに対応する操作がされなければ，実行されないものもあるのである。

　このように，インタラクティブであるもののプログラムは，処理の順番を記述し，それに従って実行する方法とは異なっていることがわかる。また，このような構成から，そのシステムやアプリケーションのユーザインタフェースとは，そこで使用が可能なイベント群と，用意されている処理群の組合せで決まるということがわかるだろう。イベントを発生させるものとしては，マウスやキーボードのようなハードウェアの操作だけでなく，画面上のどこをクリックしたとかメニューの何を選択したかというようなソフトウェアとの関連で構成されるものもある。また，ハードウェアも従来のものに留まらず，音声や画像を認識するものなど多様なものが使用されるようになってきており，イベントとして認識されコンピュータを操作することができるインタラクションも増えているのである。

4.4　インタラクティブ性の活用

　この章では，ここまでインタラクティブなものを，そうではないものと比較して理解してきた。しかしながら，インタラクティブであるということにおい

4.4 インタラクティブ性の活用　　91

ても，コンピュータ性能の向上によってより高精度な反応をより高速に実現できるようになり，その質が変化してきた。本節では，コンピュータの操作におけるインタラクションの役割と変化について考察をする。

4.4.1　インタラクションの頻度の変化

インタラクションのある操作では，行った作業の結果を見てつぎの操作を選択したり修正したりすることができる利点があるということはすでに述べた。そうしたインタラクションの内容をもう少し詳しく見てみよう。

そもそもディスプレイがなかったときのコンピュータの操作では，例えばパンチカードに穴を開けることによってプログラムを入力し，出力も紙に印刷されていた。このときには，コンピュータにプログラムを投入すると，それが受け付けられたことや終了したということだけが管理画面に情報として提供された。これは先の節で述べたバッチ処理と呼ばれる利用方法であり，コンピュータとのインタラクションという観点では，処理の始めと最後にやりとりがあるだけである。

CUI 環境においての作業では，インタラクションはまず何らかのコマンドを入力することによって処理の内容を指示することで始まる。その処理をコンピュータが実行している間は，つぎのコマンドの入力は受け付けられなくなる。実行が終了すると，ようやくつぎのコマンドを受け付けるようになり，前の操作の結果を踏まえてつぎを入力する。このようなやりとりを繰り返すのである。一連の作業全体で見るとコンピュータとやりとりを繰り返して操作しているが，コマンドの入力とそれに対する作業という局所的な面を見れば，細かなバッチ処理が繰り返されているともいえるだろう。しかしながら，この局面におけるコンピュータの反応はコマンドによって指示された処理の実行だけではない。例えば，ファイルの削除の命令を実行したとすると内部的にそのファイルの消去を行うことがコンピュータの反応であるが，人がコマンドを入力するときに，文字を一つキーボードで打つたびに画面にその文字が表示されるのも，人の働きかけにコンピュータが反応した結果である。

92   4. コンピュータとの対話

　ところで，CUI のコマンド入力による操作では，作業に対する処理の結果は
ユーザが別のコマンドを利用して確認しないとわからない。ファイルの削除命
令により内部的にそのファイルの消去が実行されたとしても，直接その結果が
目に見える形では示されない。結果を知るためには，さらにファイルの一覧を
表示するコマンドを入力し，その一覧に消去したファイルが含まれていないこ
とをユーザ自身が見て確認しなければならないのである。GUI 環境では，文字
の入力の表示の代わりに，グラフィック表示の変化が人の働きかけに対する反
応として与えられる。先の CUI におけるファイルの削除の操作に対応する操
作は，ファイルのアイコンをマウスでドラッグしてゴミ箱のアイコンに重ねる
という動作で実行される（本当は完全に消去されたわけではないが）。このと
き，マウスの操作に合わせて，ファイルのアイコンが元にあった場所からゴミ
箱まで移動するように表示される。このような表示を行うには，マウスによっ
て指定する位置が少しでも移動するたびにそれに反応してアイコンの表示位置
を変更するのである。また，アイコンの移動だけではなく，ファイルをゴミ箱
に捨てたときには，ゴミ箱のアイコンが空の状態からゴミが捨てられている状
態を示す図柄へと変化する。これらの，操作に合わせた表示の変化によって，
別の操作で確認せずとも，ファイルを削除する操作が実行されたことを確認で
きる。

　ここで述べたコンピュータのユーザの操作に対する反応の進化を眺めてみる
と，コンピュータとのインタラクションが起こるタイミングが，当初は一つの
作業を単位とするものであったのが，マウスのちょっとした移動ごとに行われ
るようになるなど，やりとりがより短い時間ごとに繰り返し行われるように
なったことがわかる。また，CUI 環境よりも GUI の環境では，操作の途中の
経過をより豊かな表現でユーザに提示しており，状況をより詳細に把握しなが
ら操作することができる。このようにインタラクションの頻度が増加すること
は，ユーザに送り返される情報が多くなるということであり，作業状態をより
深く知ることができる環境となっていることを意味する。このようなインタラ
クションの質の変化はコンピュータの操作をわかりやすくするという観点から

は望ましいことであるが，同時に，そのような頻度で高解像度なグラフィックで反応を表示することは高い処理性能を要求することになる。アニメーションなども含めた GUI のわかりやすい操作環境は，CPU を含めてコンピュータの性能が向上したことにより実現したのである。

　非常に短い間隔でのインタラクションは，ゲームのアプリケーションで強く意識することができる。高度な 3DCG によるゲームなどにおいては，グラフィックとして再現された世界のなかで，操作した直接の対象だけでなく周辺の環境への影響も含めて変化するようにデザインされており，そのことがゲームというコンテンツの豊かさを与えるものになっている。また，頻度によるインタラクションの増加だけでなく，視覚以外に音や振動などの反応も加えてより多くの種類の知覚情報がユーザにフィードバックされるようになっている。これは使いやすさだけを目的としたのではなく，インタラクションの豊富さによってゲームの世界のリアリティを創り出すことに貢献しているのである。

4.4.2　インタラクションの質の変化

　コンピュータのインタラクションが，作業の実行単位ごとだけでなく，操作をしている経過においても行われていることを先の節で述べた。そうした反応を与えていることは CUI でも GUI でも共通であるが，CUI では与えている操作の指示を確認することができても，処理結果の確認は別の操作として行わなければならなかった。GUI 環境ではファイルを削除した操作の結果について，ゴミ箱を覗いて確認しなくてもアイコンの状態を目で見て認識できるようになっている。グラフィカルな表示で操作に対する変化を与えることで，人に返される情報が豊かなものになり，操作性の質が向上している。そうした反応は何かの作業的な処理を行うことだけではなく，例えば画面内でウィンドウの位置を確認しながら調整することなどにも与えられている。

　このように，コンピュータとのインタラクションが，目的とする処理そのものではなく，そのための一つひとつの操作の行為に対しても逐次行われるようになったことは，道具としての使いやすさを向上させるのに貢献しているので

94   4. コンピュータとの対話

ある。例えば物理的な道具においては，使用の結果はその場の対象の変化としてすぐに理解できる。例えば，金槌で釘を打つ場合には，金槌が釘に当たり釘が木に刺さっていくことで作業が成功しているかどうかを知ることができるし，食器の洗い物をするときには洗いながら刻々と綺麗になっていく様子が視覚的にも触覚的にも知覚することができる。しかし，コンピュータでは，そうした変化を反応として明示的に創り出さなければ，コンピュータ内部の電子的な記録の状態の変化が起こるだけで，人間には感知されないことになってしまう。したがって，目的とする作業の実行自体には必要のないこうした反応を与えることは，コンピュータを道具として日常的に使用するためには不可欠な要素であろう。さらに，CUI から GUI へとインタラクションが進化するに伴い，コンピュータ全体を道具として感じることができるだけではなく，アイコンやウィンドウなどの，画面上の一つひとつの要素が独立に操作に反応することで，それぞれが独立した道具として感じられるようになった。さらに，タブレット PC などではタッチパネルとの組合せで表示要素のそれぞれを直接触れて扱うようなインタラクションを与え，それらの操作が実世界の物を扱っているような感覚を与えている。

　前章では，現実の道具のビジュアルを模倣することで元の道具の使い方を想起させるメタファやスキュアモーフィズムなどのアプローチについて扱った。それらは，操作のわかりやすさを与える手法であったが，インタラクションは行った操作が正しいかどうかをフィードバックすることで，わかりやすい操作を補完する役割を担っているといえるだろう。また，適切な反応を刻々とユーザに与えることによって，操作と同時に確認しながら操作することを可能としている。これは，それまでコンピュータ操作において人が明示的に行っていた確認の作業を，コンピュータがサポートするようになったのである。これまでは人間が自分の頭のなかで情報を埋め合わせて処理を進めなければならなかったものを，コンピュータがその作業を肩代わりしてくれるようになったといえる。

4.4 インタラクティブ性の活用　　95

　このように，使いやすさを与えることに貢献するインタラクションである
が，一方で，処理自体に時間がかかり反応がなかなか返ってこないとイライラ
するようなことも起こる。例えば，インターネットでサービスを利用してい
て，その結果がウェブページなどに反映されるまでに時間がかかることがあ
る。操作の過程の表示（アイコンを押したことがビジュアルに表示されたり，
キーワードを入力したことが文字として表示されたりするなど）は即時に行わ
れるのに，その処理の結果としての反応が遅いとうまく動作していないのでは
ないかと感じてしまうのである。また，ゲームで反応が遅くなってしまうと，
ユーザが非常にストレスを感じるだけでなく，プレイした操作内容が表示とし
て反映されないようなことも起こる。したがって，単にインタラクションを用
意するだけでなく，それが適切なタイミングで反応するように動作することが
重要なのである。

4.4.3　インタラクションの相手の変化

　ここまで扱ったインタラクションは，ユーザの操作に対して，その場で対峙
しているコンピュータが反応するものであった。ところで最近では，インタラ
クションの相手が手元のコンピュータではなく，ネットワークを介した別のコ
ンピュータ機器であることも多くなっている。かつてはネットワークを介して
作業を行う場合は，ネットワークに接続することがまず必要であった。現在で
はネットワークに常時接続していることが普通になり，接続作業がいちいち必
要になることはほとんどない。また，ワープロやプレゼンテーションのスライ
ド作成などの Office 系アプリケーションもブラウザ経由で，手元のコンピュー
タにインストールされているアプリケーションと同じインタフェースによって
利用できるようになっている。ネットワークの高速化に加えてソフトウェア面
の設計の工夫によって，ネットワーク経由で利用するサービスも手元のコン
ピュータにインストールされているアプリケーションと同じくらいの反応速度
で利用することができるようになっている。特にモバイルデバイスではネット
ワークにつないでサービスを利用することが標準的である。こうした状況にお

いては，操作のやりとりとしてのインタラクションは手元のコンピュータと直接行っているが，その処理についてはネットワークの先のシステムと行っているという二重の構造が生じている。操作内容を逐次示す面でのインタラクションが強化されて人とコンピュータの関わりのより多くの割合を占めるようになっているため，実際の作業がどこで行われているかということが操作という観点からは意識されない環境が実現されるようになってきたのである。

演 習 問 題

〔4.1〕 インタラクションがより細かく行われることによって得られる利点を具体例とともに挙げなさい。

〔4.2〕 企業の基幹業務でなく，PC で行うような作業においてもバッチ処理が有効であるような処理として，どのような例があるだろうか？

〔4.3〕 GUI 環境で，操作に対する反応をいくつか挙げてみよ。また，それぞれが，何をユーザに示すために行われているのかを説明しなさい。

5章 対話性の拡張

◆本章のテーマ

インタラクションがどのようなものであり，何を実現するかについて前章で述べた。本章では，そうしたインタラクションのさらなる拡張について述べる。単なる機能や技術面の進化ではなく，異なった設計指針としてどのようなことが考えられ，試みられているかを紹介する。特に，コンピュータを中心として操作性から人を中心とした考え方への変化や，実世界のなかにコンピュータの機能を入れ込むような概念について扱う。

◆本章の構成（キーワード）

5.1 人中心の対話方法
ジェスチャー，音声入力，エージェント，コンテキストアウェア
5.2 インタフェース化する世界
拡張現実感（AR），タンジブルユーザインタフェース（TUI），テーブルトップインタフェース
5.3 インタラクションのデザイン
用途の拡大，人の反応のデザイン

◆本章を学ぶと以下の内容をマスターできます

☞ 人が理解する方法に合わせたインタフェース
☞ 現実のモノや事象をインタフェースとする操作の設計概念
☞ インタラクションの多様なデザインが実現すること

98 5. 対 話 性 の 拡 張

5.1 人中心の対話方法

　ここまで，コンピュータの操作に関連してインタフェースのデザインや対話
性の実現などについて述べたが，それらはコンピュータの用途や使用形態が限
られていたうえでなされた工夫であった。コンピュータで行う作業が，企業の
大規模システムや研究目的のためであったり文書作成や表計算などの仕事で
あったりしたときには，「道具」としての使いやすさの追求で充分であったの
である。ところで，コンピュータがより多様な用途に利用されるようになって
くると，コンピュータが用意した操作方法よりも，それぞれの用途に対して人
間にとってより自然な使用方法が考えられるようになってきた。本節ではその
ような状況や試みについて扱っていく。

5.1.1 コンピュータに合わせた操作方法

　前章で，コンピュータが作業を一括処理する「計算する機械」から，人と
「対話」しながら処理を進めるように変化したことに触れ，**対話（インタラク
ティビティ）**の特徴について述べた。昔の大型のコンピュータから現在の代表
的な操作環境である GUI においても，さまざまなデザインのバリエーション
があるものの，それらの操作方法はコンピュータの都合に合わせたものだとい
うことで共通しているといえるだろう。例えば，遡って一番初めのコンピュー
タと呼ばれている **ENIAC** では，その処理を設定するには物理的にケーブルを
回路につなぎ直すことが必要であり，専門のオペレータが複数人かかって作業
を行った（**図** 5.1（a））。このような操作方法は，人にとって直感的に理解で
きるようなものではなく，ENIAC の装置のあり方に合わせたものである。よ
り使いやすくなった PC でも，初期にはマウスがなく（図（b）），操作には必
要なコマンドをキーボードから入力しなければならなかった。コマンドは英単
語のようなものであり，2 進数によるコードに比べればはるかに人に対して配
慮がされたものになってはいた。しかしながら，それぞれの処理内容と合わせ
て特別に覚えなければならないものであり，習熟しなければ自由にコンピュー

5.1 人中心の対話方法　99

　　　　（a）　ENIAC　　　　　　　　　　　　（b）　初期の PC
　〔画像　U.S.Army Photo[12]〕　　　　　　〔画像　Ruben de Rijcke[13]〕
図 5.1　ENIAC と初期の PC（IBM Personal Computer model 5150）

タを扱うことは難しかった。また，それをコンピュータに伝えるためにはキーボードを利用するため，キーボードによる操作にも慣れる必要がある（これはタイプライターを利用していた英語圏の人には問題がないかもしれないが）。GUI になっても，マウスによってポインタを画面上で動かしアイコンやフォルダやウィンドウという要素に対してクリックするという操作は，人が実生活で何かを行うときの通常の行動にはないものであり，そのしくみを理解する必要がある。マウスによる画面上の位置を特定する方法は充分直感的なように思われるが，手元の平面上の動きを，垂直にある画面上のポインタの移動と結びつけることは，タッチパネルで直接位置を指定するのに比べると間接的な方法である。

　これらの例のように，これまでのコンピュータの操作は機械の処理の方法に人が合わせているものだといえるだろう。コンピュータが理解できる回路の構築，コンピュータが理解できる特定の形式の限定された数のコマンド，画面上の座標値とボタンによる信号の組合せといった手段は，どれもコンピュータにとってより扱いやすい方式である。人が利用するために英単語に近い言葉をコマンドに使ったり，マウスによって視覚的に操作できるようにしたり，デザインにメタファを利用してわかりやすくしたりするなど，人が使いやすくなる多くの工夫がなされているとしても，それらはコンピュータに合わせたコミュニ

100   5. 対 話 性 の 拡 張

ケーションのあり方の範囲で行っているものである。

5.1.2 人に合わせた操作

コンピュータの要請に合わせた方法の範囲で使いやすさを追求するのではなく，人に都合のよい方法にコンピュータが合わせるような考え方によるインタフェースのあり方が模索されるようになった。それには考え方の変更が必要である。単に画面のデザインを変更するというようなものだけではなく，やりとり（インタラクション）のあり方をそもそも人の考え方に合わせてデザインすることが必要になる。それでは，人に合わせた指示の方法とはどのようなものになるだろうか。

そうした試みの一つとしてまず思い浮かべるのは，人の身体的な動作（**ジェスチャー**）を利用するものである。2.2節でも取り上げたが，一般のコンピュータというより TV ゲーム機を発端として体の動きを認識してそれを操作に利用するインタフェースが拡がった。ジェスチャーを認識する方法にはいくつかの方式が考えられている。手に持つコントローラに加速度センサや赤外線を発信する装置を内蔵させるようなもの（Wiimote）や，人の足にかかる力から体重移動の様子を類推するもの（Wii Board）などの異なるアプローチが提案されるようになった。こうしたインタフェースが登場する以前にはキーの入力やマウスによって，すべての操作を行っていたわけであるが，それに対してジェスチャーを利用する操作方法では現実と同じ動作をそのまま利用できる。すなわち，人の行動の形式にコンピュータが合わせて反応するのである。

タッチパネルは指で画面にタッチすることにより**ポインティングデバイス**として機能するのに加えて，指二本を同時にパネルにタッチしたまま開いたり閉じたりする（ピンチする）ことで画面をズームすることや，指を横にスライド（スワイプ）させてページや画面を遷移するなど，行動と反応が直接結びつくような操作方法が用意されている。

ポインティングデバイスでは画面上の一点の位置が入力情報であったが，ジェスチャーによるインタラクションでは，体の部位の変化が入力情報とな

る。コンピュータ側ではそうした変化の情報から，人が何を操作しようとしたのかを判定し，それに対応する反応を返すのである。例えば，体重が右から左に移動したという情報からスキーで曲がろうとしていると判定するとか，手を後ろから前に動かしたことが認識されたときにはラケットを振っていると認識するようなことである。そうしたインタフェースが，特にゲームではうまく利用できることがわかったことから，赤外線を使って全身や指の動きを**リアルタイム**で取得できる，Kinect や LeapMotion などの装置が現れている。

さらに近年では，**音声**によるインタラクションが利用されるようになってきた。当初は音声を認識して文字として入力するだけであったものが，最近では，言葉でコンピュータに指示を与えることができるようになった。それも，コンピュータの処理に沿って用意されたコマンドをそのまま音声で発するということではなく，人が何かを尋ねるときの言葉使いに近い形式で入力できるようになってきている。このような方式は**人工知能**（artificial intelligence，**AI**）の発展により，より自然な会話によって操作が可能なように進んでいくだろう。

ここで挙げたような例は，コンピュータに合わせて用意した装置を介して操作するのではなく，ジェスチャーや発声を利用するというものであった。ジェスチャーや言葉を発声するのは人のやり方に合わせたアプローチであるといえるだろう。しかしながら，手を上下左右に動かしアイコンやメニューを選択するような操作方法であるのなら，それはマウスの代わりに手の位置を使用しているだけで，画面上の位置を利用するというコンピュータに合わせたインタフェースのあり方には変わりがない。人に合わせたインタフェースの実現を考えるには日常行う行動がそのまま利用できたり，普段の言葉使いのままで操作ができるような方法であるべきだろう。

5.1.3　人の目的に対応する

エージェントとは，その人の代理となって業務を処理してくれるものである。例えば，プロのスポーツ界では移籍や年俸の交渉を選手に代わって行う人

5. 対話性の拡張

のことをエージェント（代理人）と呼んでいる。そのようなエージェントが行う仕事は，交渉を行う相手とミーティングを設定し，さまざまな条件を提示し，折り合わないものについては話し合いをし，最終的な契約内容をまとめることである。このように，目的としては「契約をまとめる」ことであるが，その実行には多様な作業が含まれる。エージェントは，そうした雑多な処理が含まれている仕事を引き受け，当人の代わりに実行し，最終目的である結果だけを依頼人に返すのである。

このようなコンセプトを利用して，例えば歯医者の予約をコンピュータで行うことを考えてみよう。操作としては，ウェブブラウザで歯医者を検索し，カレンダーソフトで自分のスケジュールを確認しながら診察日の候補を調べ，メールで予約の確認をとり，最後にスケジュールをカレンダーに書き込むというような作業が必要になるだろう（図 5.2 (a)）。歯医者の場所を地図アプリで調べる必要もあるかもしれない。このように，目的を実現するためにはユーザが自身で複数のアプリケーションの利用をうまく組み合わせて最終的な目的を実現しなくてはならない。この方法ではユーザが個々のアプリケーションの機能をよく知っていて，目的のためにどれをどのように組み合わせればよいのか考える必要がある。もしこれをエージェントのような役割にまかせられるとすれば，ユーザは「歯医者の予約をとりたい」とだけ伝えると，エージェントが必要な機能を選択し，それらを利用して歯医者を探して予約を確保し，最終

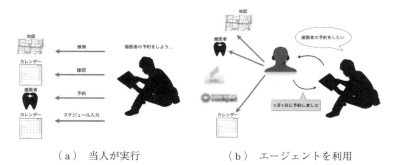

　　　　（a）当人が実行　　　　　　（b）エージェントを利用
　　　　　図 5.2　目的達成を実現するためのプロセスの違い

的な結果として歯医者の場所と診察日をユーザに伝えてくれる（図（b））。ユーザは，個々のどの機能を使用するかというような細かいことはエージェントにまかせて，予約をとりたいということを伝えるだけで結果を得ることができるのである。

　このようなエージェントの機能をコンピュータのしくみとして実現できて，実現したい目的だけをコンピュータに伝えて希望の処理ができるようになったとすると，個別のアプリケーションでわかりやすい操作を追求する必要はなくなる。なぜなら，個々のアプリケーションの利用はエージェントにまかせればよいからである。さらに，音声認識機能と組み合わせることにより，より人に合わせた入力方法を設計することができる。コマンドをそのまま発声で読み上げるのでは，コンピュータに合わせたアプローチという点では変わることはないが，エージェントの機能が実現していれば，まるで人に仕事を頼むようにして伝えることができるようになる。人に沿った方法によるインタフェースの実現として重要なのは音声で伝えられるかどうかではなく，人の考え方に沿った言葉使いでコンピュータに伝えることができるかどうかである。多様なアプリケーションが用意されていても，特定の目的のために組み合わせて使用しなければならないのは，人の行為の目的が細分化されていて，それぞれのすべてに専用のアプリケーションを作るのが大変だからである。エージェントやAIによってその都度，必要な機能を組み合わせてくれるようなことが実現されれば，多様な局面で人に合わせた処理を実現できるだろう。

5.1.4　現実と同じ操作方法の提供

　バーチャルリアリティ（virtual reality，**VR**）は**仮想現実感**と訳されているが，本来の意味は「仮想の」ではなく「実質的に現実と同等」という意味である。仮想という言葉には本当ではないという意味合いが強いが，バーチャルというのはどちらかというと「本物と同じである」ということを意味する言葉なのである。実質的に現実と同じという意味は，コンピュータによって作成されたものであっても現実と同じ行動によって同じ反応があるということである。

つまり，人から見ると，それが現実であろうと CG で作られた世界であろうと，することと受け取る結果に本質的に違いがないということである。簡単な例として，CG によって部屋を表示しそのなかを見渡したり移動したりするようなものが考えられる。部屋の画像を 3DCG で作り上げて，それを自由に眺めることができるということだけで VR であるというわけではない。現実と同等の感覚を与えることを実現するには，顔を動かして見る方向を変えると見えるものがそれに合わせて変化することが必要である。コンピュータが用意した環境において，人の行為に対して現実で期待されることと同じ反応を与えるものでなくてはならないのである。

見る方向に合わせて表示を変化させるということを実現する装置として**ヘッドマウントディスプレイ**（head mount display，**HMD**：図 5.3）と呼ぶ装置がよく使用される。これはスクリーンをメガネのような装置として顔に装着させるものである。センサ等で顔の向きや傾きを検知し，リアルタイムに向いている方向に見えるべき光景をスクリーンに写すと，あたかも現実の空間を見渡しているような感覚を与えることができる。HMD は，視覚（出力）に対するサポートであるが，働きかけるほう（入力）も，マウスやキーボードを利用するのでは現実と同じ方法とはいえない。こちらも，手や体の動きを認識するための装置を用いて，人の動き（ジェスチャー）によって働きかけることができるようにすることを視覚的な反応と組み合わせることが必要である。VR のシス

 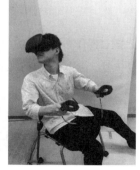

図 5.3 ヘッドマウントディスプレイを装着している様子

テムを実現するためには，人の行動を把握するためのしくみと，それに対して現実と同じような反応をコンピュータが与えることができるようにすることが必要なのである。

現在，VR 技術が利用される分野には以下のようなものがある。

・乗り物の運転の訓練（飛行機，重機の運転）

・環境の体験（宇宙空間，海中散歩）

・エンターテインメント（ゲーム）

・体験のコンテンツ化（ステージ上でアイドルの一員となるなど）

これらの例のように，現実に体験することが困難なものを実際に体験したかのような感覚を与えることができるのが VR の特徴である。

実質的に現実と同じ感覚を与えることができるようになるには，現状ではまだ多くの技術的な課題が解決されなくてはならない。現在では，HMD が普及し始めて，視覚情報について安価に VR 環境を実現できるようになってきた。また音についてもスピーカやヘッドフォンによって比較的簡単に再現できる。しかし，人が現実世界から受け取っている情報には視覚，聴覚以外にも，触覚や嗅覚などがあり，それらの実現は一部なされるようになってきたが，容易に利用できるようになるにはさらなる研究が必要である。

さて，ユーザインタフェースの観点から考えると，VR は人が日常で行っている行為をインタフェースとするアプローチであると理解できる。三次元空間内に事物があり，それらに近づいて眺めたり使ったりすることができるのは，現実の世界と同じである。具体的な道具が現実と同じ見た目で現れ，現実と同じ操作の仕方が与えられるわけである。エージェントと手段は異なっていても，コンピュータが用意している機能に合わせるのではなく，人間が物事を認識する方法に合わせた方法でデザインした関わり方という点で共通したものといえるだろう。

5.1.5　コンテキストの理解

人にとって直感的で自然な方法でコンピュータと関わるアプローチとして

106   5. 対話性の拡張

エージェントと VR という例を挙げ，そのアプローチについて考察してきたが，そうしたアプローチは，現実と同じようなモデルを CG で表示し，音声を認識できる「機能」が用意されれば，それだけで実現されるというものではない。人の行動や発言の意図をコンピュータが理解できることが不可欠である。例えば右手を挙げたときに，それが挨拶なのかタクシーを呼び止めようとしたものなのかはそのジェスチャーを見ただけではわからない。また，物を投げたような動作も，何かを叩いているのとジェスチャーだけを見ただけでは判別するのが難しいだろう。これらの例のように，人の意図を動作だけで理解するのは難しく，そのときの場面や場所などの背景（**コンテキスト**）を知ることが必要である。コンテキストとは「文脈」や「話の背景」といった意味の言葉である。

　コンテキストを利用している簡単な例としてコンテキスト・メニューと呼ばれるものがある。例えば，プレゼンテーション作成用のアプリケーションにおいて文字や表などの異なる要素に対してクリックすると，それぞれに対応した操作メニューが現れるようになっている。操作としてはマウスのボタンをクリックするというまったく同じものであるが，表に対してクリックしたときには列や行の挿入や削除などの項目が現れ，文字列に対してはその文字列をウェブで検索するような項目が現れる（**図 5.4**）。クリックされたときの状況から

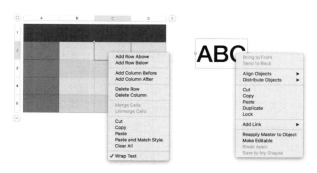

図 5.4　コンテキスト・メニュー（操作対象によって異なるメニュー）

判断して，そのとき必要になるであろう機能だけをユーザに提示するのである。

　これは単純な例であったが，先に述べた VR の利用を考えたときには，手を挙げたり物を投げたりするジェスチャーのような例を識別することが必要になるだろう。エージェントの利用においても，例えば「歯医者を調べておいて」という指示では，歯医者の場所を調べるのか，診察予定を調べるのか，それとも近くにどのような歯医者があるのかを調べればよいのかがわからないだろう。人同士の会話であれば，前後の状況や会話からそのいずれについて語っているのかを類推するはずであるが，人の理解の方法に操作を合わせることを考えるときには，コンピュータにもそれぞれの行為のコンテキストを理解するようなしくみが必要になるのである。

　対応すべきさまざまな場合があり，具体的にどのように実現するのかは，それぞれが研究課題である。ジェスチャーの認識だけでなくその他の情報もセンサ等で同時に採ってそれらの組合せで判断したり，そこまでの操作の履歴から類推したりするような方法などが考えられるだろう。いずれにせよ，直接の指示以外の行為を知覚するしくみと，そのように得られた個々の情報を関連づけて意味を見出す判断能力が必要となる。ごく簡単な場合は，先のコンテキスト・メニューの例のような簡単な条件分岐で対応できるであろうが，AI を用いてより高度な判断を創るようなことが，今後は求められていくことになる。

5.2　インタフェース化する世界

　コンピュータの用途が拡大することによって，それまで机の上でコンピュータの画面を介してのみ操作と結果のやりとりが行われていたものが，それ以外の状況で利用されるような場面が増えることにもつながった。それに合わせて，インタラクションの方法もより多彩なものが提案されるようになった。ここではそうした試みのいくつかと，それらが何を目指しているのかについて概観する。

5.2.1 現実をきっかけとするインタラクション

拡張現実感（augmented reality，**AR**）は，現実の事物や場所にコンピュータで生成したデジタル情報を付帯させるものである．具体例として一番多く行われているのは，動画において現実の物や場所にコンピュータで生成したグラフィックや文字などをリアルタイムに**重畳表示**するものであろう．AR 技術を利用すると，何もない空き地を背景に CG による建物がリアルにそこに建っているように見えるようなことが実現できる．

図 5.5 に示すのは AR 技術を利用した典型的なコンテンツの例である．PC の画面内で泳いでいる CG で作成したサメが画面から現実の世界に飛び出してくるように見えるというものである．この例のように現実空間にコンピュータにより生成したモデルを配置する場合には，視点の整合性を考慮するなどの工夫が必要である．

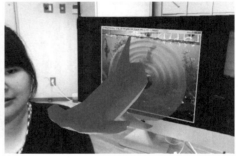

図 5.5 サメが画面から飛び出す AR コンテンツ

また，「ポケモン GO」というスマートフォンのアプリは，特定の地域に行くとポケモンが存在していて捕まえることができるというものであった．スマートフォンのカメラであたりを見渡すと，ポケモンがそこに現れるというものであるが，これは場所をきっかけとしてアプリケーションが反応するのである．これらのように，AR 技術は，現実にある事物や場所を認識することをきっかけとして，コンピュータによるディジタル情報を現実と重ね合わせて提供する技術である．この技術の利用により，新たな情報の提示方法をデザイン

5.2 インタフェース化する世界　　109

することができる。

　VR のアプローチにおいてはコンピュータが作り上げた世界に人がインタラクションを行うのに対して，AR では，人が現実と関わるところにコンピュータが生成した情報を重ね合わせ，それらが一体となったものを世界として認識するのである。AR 技術は実映像に CG を重ね合わせるコンテンツと同義にとらえられがちであるが，AR の考え方は視覚情報に限ったものではない。現実にコンピュータが作った情報を付帯させるのはビジュアルなものだけでなく，音や匂いなどについても考えることができる。ただし，映像や音については比較的簡単にコンピュータの情報から作り出すことができるが，匂いや触感などはまだ研究途上である。

　AR ではコンピュータの情報が現実に重ね合わせて提示されるものであるが，それがリアルタイムに行われるのが特徴である。例えば，部屋に新しい家具を置いたときの様子を確認するために現実の部屋の映像に CG で作成した家具を重ね合わせた表示が静止画像であれば，それは単に画像合成を行っただけである。AR によるしくみでは，位置を変えながら部屋を見たときに，CG による椅子もきちんと移動する視点から見えているように，人の移動に合わせてその都度表示が変化するようにするのである。これが実現するからこそ，重ね合わせた映像が現実のように感じることができるのである。こうした技術を利用して，人の体に内蔵や骨などの映像を表示して医療関連の補助に使ったり，道案内や店の情報を道路やお店に重ね合わせて表示したりするような試みがなされている。

　システム的には，対象となる物や場面が映像に現れたことを認識すると情報の重畳表示などの反応をするように設計されるわけであるが，それをインタフェースの観点から考察すると，見るという行為がコンピュータに働きかける入力の操作となっていると解釈できる。見るという行為は，人にとっては何かを知覚するときに行う自然な行為で，決してコンピュータを操作するために意識して行う動作ではない。AR においては，そうした普段の行為がインタラクションを引き起こすインタフェースとなっているのである。

5. 対話性の拡張

ディジタル情報を現実に重ねて提示する方法も，ディスプレイを通して行うだけではなく，さまざまなアプローチが考えられる。図5.6に示すのは，**テーブルトップインタフェース**と呼ばれるアプローチを利用したコンテンツの一つであり，カクテルのグラスがテーブルに置かれると，その名前や材料の情報がグラス近くのテーブルの表面に映し出されるものである。この場合はテーブルが情報を提示するためのインタフェースとなっている。このような仕掛けによって，わざわざブラウザなどに検索のキーワードを入力するなどの操作をせずとも，単にカクテルを飲む行為をしているだけで勝手に情報が提示されるのである。この例においても，この機能を利用するためにわざわざグラスをテーブルに置くということを操作として行うわけではない。カクテルを飲んでいる人は自然にその行為のなかでグラスをテーブルに置くことになるが，それにシステムが勝手に反応するだけである。

図5.6　テーブルにグラスを置くと情報が現れるテーブル

エージェントやVRによる利用においては，人の理解の仕方に沿って行うといってもコンピュータに対して意識的に働きかけているわけであるが，AR技術の利用においては，人は生活のなかで普通に行動をしているなかでコンピュータが，いわば勝手に反応するような形式である。このことがAR技術の大きな特徴であるといえるだろう。つまり，コンピュータ操作のインタフェースが，装置だけでなく意識としても消失しているような機能のあり方である。現状ではARとVRは異なったアプローチのように感じられるが，VR技術が

ずっと進歩して，その意味どおりに現実と区別がつかないような環境を創り出すことができたときには両者は同じものに近づいていくと考えられる。

5.2.2 モノを介したインタラクション

タンジブルユーザインタフェース（tangible user interface，**TUI**），またはタンジブルコンピューティングというアプローチは，物体をコンピュータのインタフェースとして使用するというもので，マサチューセッツ工科大学（MIT）の石井教授のグループが提唱したコンセプトである。例として**図 5.7**の画像のような瓶（ボトル）を利用したものがある。テーブルの上に瓶が3本置いてあり，瓶のフタを開けると音楽が流れ始めるという作品である。瓶はそれぞれ異なった楽器に対応していて，フタを開けると例えばピアノとベースとドラムのパートがそれぞれ流れ出す。あたかも瓶のなかに音が詰まっていて，フタを開けるとその音が漏れ出してくるような感覚を与えるようにデザインされているのである。

図 5.7 Music in Bottle：瓶のフタを開けると音楽が流れ出す
〔Tangible Media Group, MIT Media Lab.〕

この例が示すのは，コンピュータの操作のためにマウスなどの専用の装置を使うのではなく，生活中に使用する一般の道具によってコンピュータの機能を利用することである。道具をインタフェースにするといっても，その道具を操作装置として代用するということではない。例えばマウスの代わりにペンをポ

インティングデバイスとして使用するということではない。例えば，ボトルの
フタを開けて音楽が流れてくる作品では，フタはコンピュータのスイッチとし
て利用されているわけではない。フタを開けるのはボトルに詰まっているもの
を取り出すことを目的とする行為である。したがって，フタを開けたときに何
かが溢れてくるような効果と行為が意味的に結びついていることが重要なので
ある。一つ目のフタがコンピュータの電源スイッチで，二つ目のフタが音声入
力モードの設定をするスイッチであるというように，具体的な道具を単にオ
ン・オフのスイッチの代わりに使用するというような利用方法とはまったく異
なる考え方である。

5.2.3 透明化するインタフェース

　この節で紹介したようないくつかの試みは何を目指しているのだろうか？
ここで挙げた例では，AR でも TUI の例でも，実世界における人の普段の行為
そのものがコンピュータの反応を引き起こすきっかけとなっているものであっ
た。アプローチの仕方はさまざまであったが，共通しているのは，コンピュー
タの機能を利用するのにあたって，「コンピュータという装置」を直接的に操
作するのとは異なった方法という点である。通常，コンピュータを利用するた
めにはキーボードやマウスやタッチパッドなど専用のインタフェースを用いて
操作をする。また，その結果も多くの場合，ディスプレイに表示される。ここ
で紹介されたようなアプローチでは，「コンピュータという装置」に対する直
接的な操作はなく，何かを眺めたりその場で道具を使ったりしているだけであ
り，その反応もその場の環境に統合された形で提供されている。操作のために
用意されたということが意識されるようなインタフェースがないことから，あ
たかもインタフェースが透明になったりなくなってしまったりしたような操作
性を与えているのである。

　これまではコンピュータをいかに使いやすくするかという工夫について眺め
てきたが，ここに挙げたアプローチでは，使いやすさではなく「使う」という
意識をなくすことを追求しているともいえるだろう。そうしたことを試みる理

由は，やはりコンピュータの機能の利用しやすさを増すことが挙げられる。さまざまな作業ができるようになってコンピュータは汎用の道具となった。多くのアプリケーションで用途によらずマウスを平面上で移動するという共通の操作方法が用いられているが，画面をクリックしたりドラッグしたりする操作は用途によっては抽象的でわかりにくいものになる。そこで，それぞれの用途に合わせた固有の方法で使えるようにすることが模索されているのである。**インタフェースが消失**したようなインタラクションをデザインするもう一つの目的は，生活環境のなかにコンピュータの機能を統合したいということである。普段の生活環境自体がコンピュータによって強化されたようにしたいということが，このようなアプローチを模索することの一つの動機となっている。

　一方で，相変わらずコンピュータを独立した装置として利用する需要もあり続けるはずである。例えば，コンピュータでプログラムを書いたり，計算をさせたりする用途は今後も必要であるだろうし，ワープロやスライドを作成するような作業も，今の方法が使いやすいかもしれない（もっとよいインタフェースも考えられるかもしれないが）。また，作曲してその楽譜を書くという用途を考えた場合，楽器の演奏ができる人であればそのまま楽器を利用することができれば非常に便利であるが，一方で，演奏ができない人にとってはコンピュータにマウスなどで音楽を入力することができれば楽器の演奏ができなくても音楽を創ることができるため，非常な利点となる。この例のようなことが予想されるため，すべてのコンピュータが環境と一体化するような形態を目指すわけではないだろう。しかしながら，そうした試みが，将来のコンピュータのあり方について一つの大きな進む方向にはなっていくと考えられる。

5.3　インタラクションのデザイン

　インタラクションは，コンピュータが提供する機能をどのような形で人（ユーザ）に提供するかを決定するものである。まったく同じ機能であっても，ユーザインタフェースを含めたインタラクションの違いによって，まったく異

114   5. 対話性の拡張

なるものとして提示されるくらいそのデザインが与える影響は大きなものとなり得る。前節までの話しは，コンピュータ用途の拡大に対する操作手段の多様性に関したものであるが，逆に，新しいインタラクションのデザインによって新たな用途へと拡大することも起こっている。

5.3.1 コンピュータの用途の拡大

コンピュータのインタラクションの研究においては，さらにさまざまな方向性の試みがなされている。なかにはフォークを使って食べているとそれに合わせて音が鳴り，食べているものや齧（かじ）りつき方によって音が変化するものがある（図 5.8）。こうした例を見ると，多様なインタラクションの方法を実現することの目的が，単純に特定の機能の使い勝手を改良しているということではないことがわかる。この例では，このようなインタラクションによって，子供が嫌いなものを食べるときの助けになるという側面もあるかもしれない。しかしながら，それ自体の意義よりも，こうした多様なインタラクションを実現することがコンピュータの用途の拡大につながっていくことにより大きな意味がある。これまでのコンピュータの歴史を見てきても，新たな操作方法としてその場で文字情報のやりとりができるようになり，グラフィックな画面に対してマウスで直感的な操作ができるようになり，タッチパネルやセンサによってジェスチャーも交えた直接的な操作ができるようになってきたことで，その都度，コンピュータのアプリケーションの用途が拡大されてきた。したがって，新た

図 5.8　食べているものや齧りつき方で音が変化するフォーク
〔提供　お茶の水女子大学　椎尾研究室〕

なインタラクションの試みがたくさんなされることで，さらに新しいコンピュータの使い方につながることが期待される。

つぎに挙げるのは，隣接した画面を一緒に指でつまみ合わせるようにすると，スマートフォンのアプリが連携して動作するようになるというインタフェースの試みである。例えば，**図 5.9**（a）のように動画がデバイスごとに表示されている状態から，デバイスを隣接するように置いて指でつまみ合わせると，全体で一つの大きな仮想スクリーンを形成して動画が大きく表示されるようになる（図（b））。

(a) (b)

図 5.9 画面を指でつなぎ合わせることができるインタフェース

このインタフェースは，本来物理的なモノに対する「つまみ合わせる」という行為によって，現実のものではないディジタル・コンテンツがモノのようにくっつくというインタラクションの実現を試みたものである。このように，ディジタル・コンテンツの特質を持ったままで，それに対して直感的な操作性を与えるようなアプローチは，現実をコンピュータのインタフェースとするのとは対となる方向性の試みであるといえるかもしれない。いずれにせよ，これらの試みによって，コンテンツを実世界のものと同じような感覚で扱えるようになる。一方では，実世界のものにディジタル機能を付与していくような試みが行われることで，実世界とディジタルなしくみを統合したより大きな生活環境の形成につながっていくことが期待される。

単に，機能を実現するためであれば，ここで挙げたようなインタラクションが必要なわけではない。食べるものに合わせて音を鳴らすのであれば，コン

ピュータの画面でアイコンによって食べ物を選ぶことで実現してもよいのである。また，複数のモバイルデバイスのアプリケーションを連携させたいのであれば，それぞれに設定画面から登録してペアリングすることでも可能であろう。しかしながら，機能が使用できるかどうかということと，それがどのようにして利用できるかということには大きな隔たりがある。アプリケーションの連携を指でつまむということでできるからこそ驚きや楽しさが生まれ，その用途としてエンターテイメント性のあるコンテンツを考え出すことにつながるのである。従来は機能を実現することが重要な目的であり，それがどのように利用できるかという点については重点が置かれなかった。多くのことがコンピュータで可能になった今日では，どのようなインタラクションをデザインするかということが非常に重要になっているのである。

5.3.2 人の反応をデザインする

ここまでの章では存在する機能に対してコンピュータのインタフェースをどのようにデザインするかという点について説明をしてきた。インタラクションについても，特定の機能を利用するためにどのようなやりとりを与えるかという観点で考察をした。つまり，機能が先にあって，それをどのような形で提供するかということが課題だったのである。そうした順番とは逆に，どのようなインタラクションを体験させたいかをまず考えてデザインすると，これまでとは違う観点からコンピュータの用途を創り出せる可能性がある。

図 5.10 に示すのは，飲み物を飲んだあとに触るとその色に変わるオブジェ

図 5.10　触れると飲んだ物の色に変わるオブジェクト

クトである。この作品では，飲んだ物の色が体を通じてオブジェクトに伝わったように感じさせるようにインタラクションをデザインしたのである。このような作品がカフェなどのテーブルに置いてあり，オブジェクトの色が飲んだ物の色と同じに変化することに気づいたらその人はさらに別の飲み物で試してみようとするのではないだろうか。こうしたインタラクションを場に用意することで，直接宣伝するのではなくても間接的に人に働きかけることができるかもしれない。この作品は，色が変わるという機能があって，それを利用するためのわかりやすいインタフェースを考えようとしてできたわけではない。飲んだ物によって色が変わるという不思議な体験を与えたいというアイデアがまずあって，それがインタラクションのデザインとしてつながり，機能はそのアイデアを実現するためにあとから作られたのである。

このように，人の行動を間接的にデザインするようなディジタル・コンテンツは，それ自体が実用的な処理を実行するのではなくとも有意な枠割を果たすものとなることがある。こうしたコンピュータの用途にも多くの可能性があると期待される。

演 習 問 題

〔5.1〕　ジェスチャーで操作するほうがよいアプリケーションにはどんなものがあるだろうか？　また，ジェスチャーの利用はあまり向いていないアプリケーションにはどんなものがあるだろうか？

〔5.2〕　現在，マウスやタッチパネルなどで操作しているコンピュータの機能やソフトウェアについて，モノを介して，人の行動に自動的に作用するようなインタラクションの仕方を考えなさい。

〔5.3〕　具体的なコンピュータの利用を想定し（例えば店舗検索など），その操作を従来のようにディスプレイとマウスで操作する方法と，AR で実現した場合で，人の動作がどのように異なるか比較しなさい。

6章 対話から体験へ

◆本章のテーマ

コンピュータや関連技術の進歩によりその使い方が変化していくなかで，使いやすさの追求だけでなく，コンピュータを使う体験をいかに快適なものにするのかという考え方が生まれてきた。それだけでなく，コンピュータを，作業を行うためのツールではなく体験を産み出す仕掛けとして使用するようなアプローチも現れている。本章では，コンピュータを単に処理をする道具としてではない人との関わり方の側面を見ていく。

◆本章の構成（キーワード）

6.1 ユーザエクスペリエンス（UX）
ユーザエクスペリエンス，目的と機能，UI デザイン
6.2 体験を創る
コンピュータで創り出す体験，コンテキストを考慮したデザイン
6.3 コンピュータとアート
メディアアート，インタラクティブアート，インスタレーション
6.4 体験の共有
個人的な利用，体験の共有と共感
6.5 インタラクションを利用する広告
インタフェースとしての広告，広告の UX，楽しい体験
6.6 UX を考慮した UI のデザイン
UX を創る要素，コンテキスト，ユーザの気持ち，機能の単位

◆本章を学ぶと以下の内容をマスターできます

☞ ユーザエクスペリエンス（UX）について
☞ よい UX を創るための要素
☞ コンピュータで創り出す新しい体験
☞ コンピュータを利用したアートの形態と効果
☞ 共感を与えて人に働きかける試みとしての広告への応用例

6.1 ユーザエクスペリエンス（UX）

UI（**ユーザインタフェース**）は，コンピュータやアプリケーションの操作方法のデザインであり，使い方を決定するものであった。人の行為とコンピュータからの情報をたがいに通じるように翻訳する役目を担っており，コンピュータを人が使用できるものにするために不可欠な要素である。コンピュータの操作を使いやすいものにするためにはUIを工夫するということが重要であり，そのためのさまざまな工夫についてはここまでの章でも扱ってきた。ここまで，「使いやすい」というのは，コンピュータやアプリケーションで用意されている機能をいかにわかりやすく提供するかが課題であった。しかしながら，たとえ個々の機能は使いやすくできていたとしても，希望することを実現するために複数の操作を必ず固定された順番で実行しなければならないのであったとしたらユーザは心地よく感じないだろう。この例のように，個々の操作を使いやすくすることだけを考えても全体の使い心地がよくなるわけではない場合があり，そうしたことに注意を払うことが重要と考えられるようになってきた。

6.1.1 ユーザインタフェースとユーザエクスペリエンス

使用する機能を使いやすいだけでなく，さらに使っていて嬉しいとか気持ちよいと思わせるようなものにするためには，**UX**（**ユーザエクスペリエンス**）という観点から考える必要がある。UXとは，例えばアプリケーションを使う場合にその使用においてユーザが体験することのすべてを指すものである。

UIの観点からは，使いやすさや確実性などがおもな視点となってしまいがちである。そのため，行われる工夫は操作のしやすさという実用的な観点から考えられたものになる。一方で，「体験」をデザインするのは単に使いやすさという観点ではなく，それを使うときの気持ちよさ，楽しさや達成感を与えることなどを含めて，それを使うときにどのような経験を得るのかをデザインすることである。もちろん，使うときの経験にはそれを使うときの使いやすさな

ども含まれるため，UI のあり方は UX に大きな影響を与える要素である。

例えば，ビールを飲む場面を考えて，コップをビールを飲むためのユーザインタフェースと見立てることにしよう（図 6.1）。一方は見た目も格好のよいガラスのコップで，他方は紙コップとする。どちらでもビールを飲むという機能を果たすことが可能であり，口に入るものは同じビールである。それらの点で両者に違いはない。また，どちらのほうが早く飲めるなどの効率性の違いもあまりないだろう（一度につげる量の違いはあるかもしれない）。しかしながら，ビールを飲むという行為に対してどのような気分を与えるかということを考えると，両者がもたらすものには相当な差があると感じられる。

図 6.1 コップの違いによる体験の違い

コンピュータの UI においても，同じ機能のものであってもグラフィックデザインが綺麗なものとそうではないものでは，使っている気分が違う。格好のよい UI は使うことの喜びをもたらすために高い UX を実現しそうである。また，単にデザイン的な問題ではなく，必要な操作が簡単にできるようになっている UI と，何かを行うときに複数の操作を組み合わせるような複雑な過程が必要であるものでは快適さが異なることが容易に予想される。

これらの例のように，UX という観点から考えたときには機能の利用を操作の局面ごとにとらえて UI をデザインするのでは充分ではない。アプリケー

ションの利用や操作全般に渡ったユーザの行動や感情を前提としてデザイン
し，それを実現するために要素となる個々の操作を組合せとしてまとめ上げる
ことが必要となるのである。そのためには，画面や装置の形状のような静的な
見た目のデザインだけではなく，操作に対する反応の内容やタイミングを考え
ることが重要である。例えば，ある機能に対応するボタンをメタファやアフォー
ダンスを利用したグラフィックデザインを与えてわかりやすく用意しても，複
数のアプリケーションを組み合わせて利用しなければその操作の結果を確認で
きないのだとしたら，作業の過程において何回もアプリケーションを切り替え
なければならず面倒になるため，よい UX を与えることにはならない。既存の
機能に見た目のよいデザインをするだけではなく，どのような単位で機能を提
供するかという点から設計し直すことはよい UX を与えるために必要である。

6.1.2 UX を構成する要素

前項では，**UX** という概念を説明し，よい UX のためにどのような UI のデ
ザインをすべきか，ということについて説明した。しかしながら，UI がよけ
れば UX がよくなるというものではない。たとえ操作についてよく考えられた
優れた設計が施されており，グラフィック的なデザインも綺麗で格好がよいも
のであればよい UX を与えそうに思われるが，そうではない場合もある。例え
ば，音楽を購入するサイトについて，操作するインタフェースがよく設計され
ており見た目のデザインが素晴らしいとしても，扱われている曲数が少なかっ
たらそのサイトを利用する人の満足度は決して高くはならないだろう。

さらに，機能の充実が UX の高い満足度に直結するわけではない例もある。
例えば文章を書くことを考えてみよう。ワードプロセッサと呼ばれるソフト
ウェアは，文章を作成することに関連して，文字の種類や大きさ，色，レイア
ウトの設定など，非常に豊富な機能を提供している（**図 6.2**）。しかしながら，
そうした操作の多様さは文章を編集されたページとしてデザインするには必要
であるが，単純に文章を書きたいというときには不要であり，かえって邪魔な
場合もある。文章を書くだけという用途に対しては，ワードプロセッサではな

122   6. 対話から体験へ

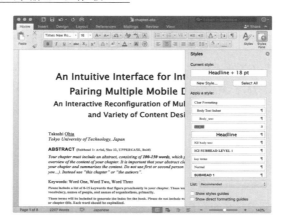

図 6.2   多様な機能を提供するユーザインタフェース

くエディタと呼ばれる種類のソフトウェアがある．エディタはワードプロセッサからレイアウトをデザインするような機能を省いたものと考えればいいだろう．そうしたもののなかに，文章を書くことだけにさらに集中できるように，使用中はボタンやメニューなどがいっさい現れないものがある（図 6.3）．それだけでなく，そのエディタの画面が自動的にフルスクリーン表示され，コンピュータのデスクトップ背景も見えなくなってしまう．画面は単色に近いものでそこに文章だけが表示されるようになっており，フォントはせいぜい大きさを用意された数種類のなかから選ぶ程度の選択しかない．これは，文章を書くという行為に直接必要がない余計な操作を極力なくすことによって，文章を書

図 6.3   書く機能以外の余計なものを省いたインタフェース

くということだけに集中できるようにしているのである。

　文章を書くという作業において，文章を編集し表示を整形することと，単に内容を考察しながら書く場合では，要求されるものはまったく異なる（**図6.4**）。こうした例に挙げたワードプロセッサとエディタは，文章を作るために利用するという似た目的のソフトウェアでありながら，まったく異なる UX を持つものといえるだろう。

編集に必要な機能は？	気持ち良く書くことに 集中するには？
文字種の選別	シンプルな画面
文字の色や大きさの設定	余計な機能の排除
一行の文字数	キー入力の音
図の配置と文字の処理	静かな環境音のBGM
箇条書きの設定	…
…	…
…	

図 6.4　目的によって異なる必要な機能の比較

　図 6.3 で例に挙げたエディタのように，機能面とその操作という観点からではなく，作業をするときの気持ちよさといったユーザの感情を考慮したデザインを行うような考え方が生まれてきた背景には，コンピュータと人の関わり方の変遷がある。コンピュータが，専門家が使用するものから個人も使用するものと移行していくなかで，一般の人も使えるような工夫としてインタフェース面における使いやすさの追求が行われてきた。コンピュータの使用が充分浸透した現在では，現行のコンピュータの形態としての使いやすさは一定の水準以上のものとなって細かな違いだけとなってきた。また，コンピュータ使用の目的が実用のみであったときには使いやすさや動作の確実性などが重要な項目であったが，リテラシーが浸透したことと用途が拡大して実用のみではなくなったことから，コンピュータの使用に求められる項目が効率面だけではなくなってきたと考えられる。

　例えば，文章を書くにあたって利用するソフトウェアは入力の効率がよければいいというようなものだろうか？　すでに完成した文章があり，それをファ

124   6. 対話から体験へ

イルとして保存するために入力したいというような場合であれば，作業に要する速度が重要な項目かもしれない。しかしながら，文章を書くというのは多くの場合，内容や表現を考えながら行う創造的な作業である。この場合は，ページを綺麗に整形するという目的とは異なり，創造性をかきたてアイデアを生む作業を邪魔しないような操作性が好ましいのではないだろうか。そのためには余計な操作を省いてその行為に集中できるようなものであったり，目的自体には必要がなくてもユーザが気分よくその作業に没頭できるような効果を与えるような要素を備えたりすることが望まれる。コンピュータ用途がおもに業務用途に使用されていたときに比べて個人の使用が多くなったことから，何をよい操作性とするかという基準が単純な効率性だけでなく使っているときの気持ちよさといった，従来重要視されなかったような要素が考慮されることになったのだろう。また，使いやすさだけがよい体験を与えるわけではない。例えば，自動車の運転におけるマニュアル車やステレオや無線機の真空管を使用している昔の機械などは，使用はオートマティックなものに比べてはるかに面倒であるが，それらの操作を好きな人にとってははるかに大きな満足感を与える。このように，よい UX をデザインするということは，それを使用するときのユーザが体験することを総合的に考慮して行うことが求められるものである。

6.2　体　験　を　創　る

UX とはコンピュータやアプリケーションの利用における**ユーザの体験**を総合的に考えることであった。一方で，周辺技術が進歩したことによりコンピュータの利用がディスプレイのなかだけに留まらないようになってきたが，それによって日常とは異なる新たな体験を創り出すことも可能となってきている。本節では，コンピュータを利用する際の体験ではなく，コンピュータが創り出す体験について扱う。

6.2.1 創り出す体験

現在，コンピュータがそのインタラクティブ性の獲得とともに多様な用途に用いられるようになったことで，「コンピュータで作業」するだけではなく，コンピュータを使って体験を創り出すような新しい試みがなされるようになった。一番身近な例としておもちゃに利用したものが挙げられる。ここではコンピュータやアプリケーションを使用するときの体験（UX）ではなく，新しい体験をコンピュータによって創り出した例を見ていこう。

ディジタル技術を利用したおもちゃにも，これまでのコンピュータの利用とは異なったものが現れている。ピクチャリウムという商品は，スマートフォンを透明のケースの上に蓋のようにして置いて水槽を模擬したものを用意し，指定された用紙に魚の絵を自由にデザインして描いてスマートフォンのカメラにかざすと，自分が描いた魚が水槽のなかに落ちてきて泳ぎだすおもちゃである（図 6.5）。

図 6.5　描いた魚の絵が泳ぎだすおもちゃ（ピクチャリウム ©T-ARTS）

自分が紙に描いた絵から飛び出たような視覚的効果とともに，水槽（に見立てたケース）を泳ぎはじめることは驚きと楽しさを与える。このしくみを機能面から考えてみると，紙に描いた図を画像としてコンピュータに取り込みアプリケーションに表示しているのだが，これは画像処理技術を利用してさほど難

しくなく実現できる．しかしながら，それを実現するために，描いた絵をスキャナで取り込み，コンピュータでアプリケーションを起動して，メニューを操作して読み込んだ画像をファイルとして読み込んでPCの画面に表示させる，という過程を経るとしたらどうであろうか？　たとえ，自分の描いた絵の魚が本物のように水槽で泳ぐという同じ結果が得られたとしても，それを体験するユーザが受ける印象はまったく違ったものになると予想できる．

　図 6.6 は，部屋から窓を通して外を見ているように思えるものであるが，これらは本物の窓ではなく，窓に見えるように備え付けられたディスプレイに動画が表示されているのである．異なる場所に移動すると，そこからの視点で見ることができる方向の風景が動的に変更されて表示されるようになっている．表示されているものが動画であるため，あたかも表示されている情景が本当に外の景色であるかのように感じることができる．風景はスマートフォンのコントローラから変更することができるようになっているため，色々な場所に部屋があるかのような錯覚を創ることができる．

図 6.6　窓や水槽のように見えるディスプレイ
〔画像　Winscape[14]〕

6.2 体験を創る

図 6.7 は，雨が降るなかを歩くことを体験できる部屋を作った作品である．雨が降っているなかに傘もささずに入っていっても濡れないという，普通の雨では経験することができない体験をすることができる．天井には水を垂らす装置が並んでおり，これをコンピュータで制御するようになっている．部屋のなかに居る人の位置をセンサで刻々認識して，その人の上部の装置をインタラクティブに操作して，そこだけ水の放出を止めるのである．

図 6.7　自分だけ濡れない雨（Rain Room, Random International）

これらの例は，その目的はおもちゃであったり宣伝への利用であったりとさまざまであるが，いずれも既存のアプリケーションのユーザ体験をよくしようとする試みなどではなく，現実にはない新しい体験を，創り出した事例である．

6.2.2　体験のデザイン

前項で取り上げた例は，実務的な用途にシステムやアプリケーションを使用する際のユーザ体験の改善とは異なり，新しい体験を創って提供する試みであったが，UX のデザインという観点からは同じ議論をすることができる．これらの例が示すように，人に新鮮な驚きや喜びを与えるような**体験を創る**ため

128　　6. 対 話 か ら 体 験 へ

には単に機能が実現されればいいわけではない。例えば，図6.6で紹介した窓の例では，窓の外の風景や別の都市のライブ映像がPCのディスプレイやスクリーンに写っているものであったとしたらどうであろうか。また，窓への視点の移動をマウスで操作したり，別の都市の映像の表示を画面上のボタンをクリックしたりすることによってスタートさせるのだとしたら同じような感動をもたらすだろうか。本物の窓に見えるようにディスプレイが設置され，動くことに合わせて見える風景が変化し，そのうえでさまざまな風景に自由に変更できることが合わさることで，その体験を新しく面白いと感じられるものにしているのである。雨の作品例では，通る道筋があらかじめ決まっていたり進む前にそこの装置を止めるような操作をしたりするのではなく，自由に歩けるということが不思議な感覚を与えるのである。

　機能自体が非常に面白いものや凄いものであったとしても，それを体験するにあたって明示的に機械を操作することがあったのでは感動は薄れてしまう。一方で，機能としてはそれほど斬新なものでなくても関わり方を上手にデザインすることで，それを新鮮な体験として提示することが可能になるのである。

　体験がどのようなものになるかは，コンピュータの機能やUIなどシステムに関わることだけではない。そのシステムを使用する状況（**コンテキスト**）や，使用する人（ユーザ）の気分や感情などが影響を与える大きな要因となる。ここでのコンテキストとは，例えば，システムを利用している場所がヒマラヤなのか暑いビーチで寝転びながらなのかとか，一人で狭い部屋で使っているのかそれとも広場において大勢で経験を分かち合っているのか，などの違いである。まったく同じアプリケーションやシステムでも，こうした違いによってまったく異なる体験と感じられるであろう。UXを考えるためにはコンピュータやアプリケーションの機能や技術を中心として作業の効率や確実性などの面から考えるのではなく，こうしたユーザ自身やユーザが置かれている状況を考慮に入れた**人間中心の考え方**でデザインをする必要がある。

6.2.3 体験により訴えかける

面白い体験や不思議な体験を与えることによって，同じ内容でも人の気持ちに働きかける印象を強くすることができる．近年，そうした効果を利用して情報の提供や広告に使用するような例を見ることができる．

例えば，**図 6.8**，**図 6.9** は情報の提供にインタラクティブなしくみを用意したシステムの例である．図 6.8 は商業施設内に置く目的のディスプレイである．通常の状態では多数の商品情報が一覧できるように表示されているが，特定の商品の画像に触れるとその商品についての画像が拡大され，関連商品を見たりその商品を扱っている店舗の情報が表示されたりするようになっている．また，図 6.9 は，2015 年にミラノで開催された食をテーマとして万国博覧会の日本パビリオンにて展示されていた日本の食文化を紹介する作品である．日本食のさまざまな食材やメニューの情報を示す画像が中心の筒状の部分を滝に沿って流れ落ちるような映像効果で移動し，下の円卓の部分に到達すると外側に向かって流れていく．円卓部の外側の壁にはスマートフォンを差し込む口が用意されていて，そこに自分のデバイスを挿入し，興味のある情報の画像を呼

図 6.8　ディジタルインフォメーションウォール
(Digital Information Wall, teamLab, 2013[15])

130　　6. 対話から体験へ

図 6.9　DIVERSITY, Japan Pavilion, Expo Milano 2015（teamLab, 2015,
Interactive Digital Installation, Endless, Sound：Hideaki Takahashi[16]）

び込むように手でスライドすると，その画像と付随情報がスマートフォンに取り込まれるのである。

　これらのシステムは，情報を一方的に提示するだけのものとは異なり，インタラクションのデザインにより，情報を取得する過程に楽しさや不思議さを与えている。単に情報の内容を正確に伝えることが目的であれば，それらを一覧表示したり，メニュー形式で選択したりできるようにすることで充分であろう。しかしながら，ここに示した例では情報を取得することに余計な手間をかけさせているが，そのやりとりの行為とそれによって起こる反応や結果をより楽しい体験として創り上げている。情報の取得を単純な作業ではなく，よい体験へと変えることで，内容が同じであったとしても情報の質を高く感じさせることができるのである。

6.3 コンピュータとアート

コンピュータが実務的な用途以外に利用されるようになったなかには，アートへの利用が含まれる。コンピュータによるアートの創作は，コンテンツをアルゴリズムやディジタル技術によって創り上げるものや，インタラクションを利用して，新たなアートの形態を示唆するものまでさまざまである。

6.3.1 コンピュータのアートへの利用

アートはこれまでさまざまな素材や手段を用いて創作されてきた。したがって，コンピュータで多様な表現が可能となるにつれてそれをアートへ利用することが行われるようになったのは当然のことであろう。コンピュータの創作活動への利用は，表示の手段としてコンピュータを使うものやアルゴリズムを用いて作品を創作するものなど，コンピュータの機能の多彩さに合わせて，多様なアプローチが試みられている。こうした芸術分野は**メディアアート**や**コンピュータアート**といった言葉で呼ばれている。

コンピュータをアート表現へ使う方法として単純なものでは，これまでビデオ作品として創られていたような映像作品を，コンピュータをプラットフォームとして制作するものが挙げられるだろう（**図6.10**）。映像をディジタルデータ化することにより編集や加工が容易にできるようになる。こうしたアプローチの利点は，作品の作成から表示までを一貫してコンピュータで行えることである。また，プログラムを利用してコンテンツを作成すれば，変化する作品を創ることも容易である。プログラムで作成するというアプローチのなかには，単に映像の切り替えや要素の動き，画像効果などに留まらず，アルゴリズムによって人の発想とは異なる造形を産み出すものがある（**図6.11**）。

また，インタフェースの多様化と合わせて，ディスプレイを利用する表現形態以外の作品が多く制作されている。**図6.12**は，自動車メーカの宣伝のために制作された作品であるが，多くの金属球がワイヤで吊るされており，その上下位置をコンピュータでリアルタイムに制御し，球の集合で三次元的な造形を

132   6. 対話から体験へ

図 6.10　大画面に投影した映像による作品
（Irrational Geometrics by Cracksinthestreet[17]）

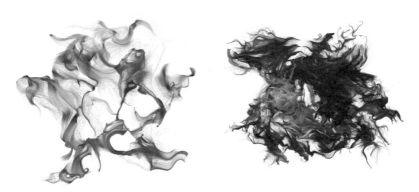

図 6.11　アルゴリズムにより作成されたアート作品（Thomas Briggs）

動的に変化させる作品である。

　このように，コンピュータを道具とすることによって，従来の制作展示作業がより便利になるだけではなく，新しい表現の可能性がいくつももたらされている。コンピュータの機能の拡大に合わせて，そうした機能を土台として発想されるアートが沢山制作されるようになった。

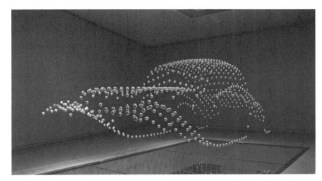

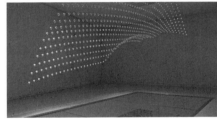 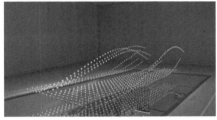

図 6.12 金属球の制御による造形装置
(KINETIC SCULPTURE – THE SHAPES OF THINGS TO COME,
2008, BMW Museum, Munich, Germany, by ART + COM Studio)

6.3.2 インタラクションの利用

コンピュータの利用に伴って，鑑賞者の働きかけにインタラクティブに反応する新しい鑑賞体験を与えるアート作品が作成されるようになった．絵画や彫刻などの従来のアート作品は，完成した作品の造形や色彩などを鑑賞者が一方向的鑑賞するものであったが，インタラクティブ性を持った作品ではそうした要素に加えて，インタラクションのデザインも表現として提供される．図 6.13 にあるのはそうしたインタラクションを利用したアート作品である．床の一定の領域に複数の人が同時に入ると，その空間をそれぞれの人の個人的な領域に分割するような線がインタラクティブに表示されるという作品である．人が動けば，それに応じて線もインタラクティブに動き，人数が変わることにも対応して変化する．空間を他の人と共有していることを意識させることを目的とした表現である．図 6.14 は，床に配置した多数の蓮の葉を模したオブ

134   6. 対話から体験へ

図6.13　インタラクティブなアート作品例
（Boundary Functions by Scott Snibbe）

図6.14　HARMONY, Japan Pavilion, Expo Milano 2015
（teamLab, 2015, Interactive Digital Installation,
6 min, Sound：Hideaki Takahashi[18]）

ジェクトに作品を投影し，人がそのなかを歩くことで葉に触れることを検知
し，投影されている映像が反応する作品である．多くの人が同時に関わること
ができるようになっている．

　これらの作品のように，傍から眺めて鑑賞するだけではなく鑑賞者も含めた
その場全体を作品とするようなアートの形態は**インスタレーション**と呼ばれて

いる。こうしたインタラクティブな作品は，自分の動作や行ったことが即座に反映されるために，自分自身が作品としての表現を創っているように感じることができる。また，自分の行動に対する反応は一過性のものであり，それによって創られる表現もその瞬間だけ現われるものであることもこうした手法によるアートの特徴である。この二つの作品では表示は床やオブジェクトに投影されており，人は「コンピュータ」の装置に向かって働きかけるのではなく，作品に直接対峙する。前章で，すでにさまざまなインタラクションを実現するインタフェースの拡張について触れたが，それによって直接作品が鑑賞者と関わるインスタレーションのような作品を創ることにも応用されるようになったのである。

6.3.3　コンピュータによるアートの構造

　コンピュータを利用するとしても，そのアプローチには多様なものがあることは前項までで紹介した。非常におおまかにそれらのアプローチの構造を分類してみよう。

　まず，作品の創作はコンピュータを利用していても，それを一方的に鑑賞するだけであれば，作品と人との関係性は古典的なアート作品の場合と変わらない。絵画や彫刻などの古典作品と異なるのは，作品の制作や表示媒体がコンピュータなどの最新技術を利用していることだけである。しかしながらコンピュータのインタラクティブ性を取り入れると，一方的な鑑賞ではなく，作品とのやりとりも表現の一部として持つような作品となる。コンピュータなどの近年の技術を利用したものを一般的に**メディアアート**と呼ぶが，そのなかでもインタラクションがあるものを**インタラクティブアート**とも呼ぶことがある（**図 6.15**）。

　さらに**インスタレーション**と呼ばれるものは，**図 6.16** に概念図を表したが，作品と対峙して鑑賞するだけではなく，鑑賞者がいるその場全体や鑑賞の体験が作品として構成されているようなものである。鑑賞者の存在やリアクションを含めたものが作品としてデザインされている場合もある。コンピュータが関

136   6. 対話から体験へ

（a）一方向の鑑賞　　　　　　　　（b）インタラクティブ

図 6.15　人と作品の関わり方の違い

図 6.16　インスタレーションにおける人とコンピュータ

与する役割はインタラクティブアートと同じでインタラクションを与えることであるが，単独のコンピュータ（による作品）と面と向かって鑑賞することと，その場の環境全体を作品とするという違いがある。その場をインタラクティブなしくみで作品とするということは，その場においての体験を与えるということであり，アート作品を創るということが体験をデザインするということに結びついている。インタラクティブな反応を活用するインスタレーション作品は，体験のデザインを利用することを積極的に利用している例として挙げられるだろう。

　ここでは表現の方向性として分類を試みたが，個々の作品について，それぞれがどれに属するということをはっきりと分けられるようなものではないし，

それが必要な訳ではない。コンピュータのアートへの利用について理解するために，一つの概念的な見方を示したものである。

6.4　体験の共有

　コンピュータの利用がPCの登場以来，個人的なものになったこともあり，ここまで扱ってきたコンピュータとの「体験」も"コンピュータ対個人"という観点で扱ってきた。しかしながら，近年ではコンピュータの機能を利用して，多くの人が同時に共有できる体験を創り出すことが行われている。

　個人による利用形態では，ユーザがそれぞれの作業を自分のコンピュータを相手に行い，たとえネットワークで別の人とつながっていたとしても作業としてはコンピュータの装置に一人で向かって操作をしている。ユーザがコンピュータという道具を「使う」ということが，コンピュータ対個人における関わり方である。そのような状況において，おもに課題となるのは操作性であり，ユーザインタフェースの使いやすさの追求であった。わかりやすい操作を与えるためのグラフィック面の工夫などがそうした例である。また，ハードウェアの進歩や，画面やインタフェースのデザインも重要な要素として挙げられる。インタフェースとして用いられるハードウェアも，キーボードからマウスへ，そしてタッチパネルや音声の利用へと進化していくが，それらはユーザ個人がコンピュータを使用するときに対する使用感を改良する目的であった。

　そうした個人としての利用だけでなく，複数の入力を同時に受け付けたり大きな出力の手段を用意したりすることで，コンピュータとの対話を複数名で行うようなコンテンツを創り出すことができる。バッチ処理のような使い方で共有して処理を行わせるような形態ではなく，多くの人が一つのコンテンツに対して働きかけその結果を同時に共有するようなインタラクションを考えると，コンピュータ対人という対話だけではなく，コンテンツを介した人同志の間接的なインタラクションが導入されて，それらの人の間で共感を生み出すようなことも可能になるのである。

例えば，お絵かき水族館（teamLab）という作品は，塗り絵をした魚の絵を画像として読み取ると，大きなスクリーンに映っている水槽にその魚が放り込まれて泳ぎだすものである．沢山の子供の作品が水槽に共存し，また，それらにスクリーンでタッチすると反応する．この作品では，複数の人が同時に一つの作品に対して関わることができるようになっているが，それは人とシステムのインタラクションというだけに留まらない．他の人が作った魚がまわりに同時に泳いでいるのを見ることができるし，それらを触って反応するのを楽しんでいる様子をたがいに感じることで，その場の経験を共有することになるのである．**図 6.17** は，スクリーンの前で体を動かすとその形に対応したグラフィックが投影されるような作品である．こうした作品は，作品内に自身が現れるというインタラクションやその反応の一時性が面白さを生む点であるが，また同時に，作品だけでなく動いている人を観察することで，その場に居る人が同時に楽しさや面白さを感じているのである．また，歓声などがあがると，それらも感情を共有する要素となるだろう．

図 6.17 鑑賞者の動きが取り込まれて重なっていく作品

これらの例では，作品との個人的なインタラクションだけではなく，共通のものに対してお互いの働きかけを結果として受け取ることによって同じ場に居る人達の間にも間接的なインタラクションが起こり，感情や体験の共有が生まれるという違いがもたらされている．こうした効果をより有効にするためには，

画面を大きくしたりしくみとして複数の人が同時にアクセスしたりできるように
するだけではなく，他の人の関わりの影響を作品の一部として他の鑑賞者が
感じるような作品のデザインが求められる。それが有効に働けば，同時に体験
している人たちの間で感情が増幅され，個人個人でコンピュータが創るインタ
ラクションを体験するよりも，より効果の高い作品となることが期待できる。

6.5　インタラクションを利用する広告

　コンピュータによって人に驚きや感動を与えるインタラクションをデザイン
し，それを**広告**や人の行動を促すキャンペーンに利用することが行われてい
る。

　広告はさまざまなメディアを利用して行われている。さまざまなサービスを
ユーザに無料で提供するためのしくみとして，広告をユーザに提供することに
よって，そのサービスがビジネスとして成立しているものも多くある。しかし
ながら，広告は基本的に商品の購入を勧めるものであり，それらの商品に興味
のない人にとっては本来のメディアを鑑賞するためには邪魔な存在と感じられ
ることが多い。そうしたことが頻繁に起きると，かえってその商品や企業に対
して悪いイメージを持つことにもつながりかねない。モバイル用のアプリや
YouTube など無料で提供しているサービスで，有料のコースに変更することで
同じサービスを広告表示なしで利用できるようにしているものも多数存在す
る。広告はこのように，お金を払ってでも見たくないものになっている場合が
ある。

　そうした状況で広告を有効にするために，その商品や企業イメージを楽しい
経験とパッケージさせることによって，いいイメージを与えるだけでなく，積
極的に関わりたいと思わせるような試みがインタラクティブな仕掛けを利用す
ることによって試されている。例えば，スウェーデンの地下鉄のプラット
フォームに置かれた頭髪スプレーの**デジタルサイネージ**による広告は，髪の長
い女性の画像が表示されている。一見してポスターのような単純な広告に見え

るが，電車が入線してくるとその風にあおられるようにして髪の毛がなびいて乱れる様子が映像で表示される．それは画面のなかの映像なのに，あたかも実際の電車による風で髪がなびいているように見えるし，そこに居る人達も風を感じているのでそうした反応をより共感を持ってとらえることができる．

図6.18は，サイネージの中にいる人からチラシを直接手渡しでもらうことができるような感覚を与える**インタラクション**を設けた試みである．専用のアプリを起動して近づくと，サイネージがチラシを手渡しするような映像に切り替わり，そのタイミングに合わせてスマートフォン上にはチラシを受け取った映像が流れ，チラシの電子ファイルが表示されるのである．

図6.18 中の人からチラシをもらうことができるサイネージ広告

広告に，これらの例のようなインタラクティブな要素を持たせて驚きや楽しさを与えることで注意を惹くことができれば，それを入り口に興味を持ってもらい，さらにウェブなどのより詳細な情報の提供手段へとつながる期待を持つことができる．こうした，消費者への興味の第一歩を与える効果を創ることがインタラクティブなしくみの導入によって可能となる．

つぎに挙げるのは，宣伝のために使用する広告を，マナーの啓蒙にも利用しようとする例である．公共の禁煙の場に広告のサイネージが多数置かれている

ような状況を想定し，そこで誰かが喫煙をすると，サイネージの中の人物が一斉に咳き込んだり，煙をはらったりするような反応を示すものである（図 6.19）。マナー違反を直接注意するのは，トラブルとなったりすることが予想され，し難いものである。こうした広告が場にあれば，人が直接注意をせずに喫煙の禁止をアピールすることができる。また，その反応を見た周辺の人の視線などの反応も，マナーを促す圧力となって働くことが期待できる。インタラクションのデザインによって，広告に宣伝目的だけではなく複数の役割を持たせることができるのである。

図 6.19　禁煙場所の喫煙行為に反応するデジタルサイネージ広告

　これらの例は，広告を単に情報を伝えるものとしてだけではなく**体験を与える**ものとして制作した試みであるといえるだろう。また，個人の経験というだけではなく，その場に居る人が**経験を共有**することでよりその印象を強いものにしている。

　この章のはじめに UI から UX というものを考えるようになってきたという話しを述べた。ここで，広告を商品の情報やよさを消費者に伝えることを目的とした，**商品と消費者をつなぐインタフェース**としてとらえて考えることにしよう（図 6.20）。広告をインタフェースとして理解する場合に求められるの

図 6.20 UI として広告を考察する

は，情報の正確さやわかりやすさ，記憶への残りやすさなど，訴えたいことが消費者に伝わることである．したがってそれは商品のよさや内容をアピールするための詳しい説明であったが，近年では変わった歌やダンスとともに商品名を連呼するものであったり，商品とあまり関係のない面白さを狙った表現になったりしている．このような変化を広告における UI から UX という変化と考えてみると，それは商品自体の情報の周知ではなく，広告に対したときの体験をいかによいものにデザインして，それを商品への関心へと結びつけるかということを行っているとみなすことができるだろう．

　先に挙げたような試みは，商品に関連した「楽しい体験」をコンピュータによるインタラクティブな仕掛けによって創り出し，それを潜在的な消費者に提供しているのである．ユーザが実際に体験できる楽しさを創り，面白い歌やダンスなどの代わりにさらに印象を深く与える内容を提供している．要求しない人に強制的に広告を送りつけるのではなく，自主的に関わるようにするために楽しさや驚きの体験を利用しているのである．また，それが個人的な体験に留まらず大勢の人と一緒に体験することで，その感情が共感によって増幅される効果がある．そうした経験は，昨今では Twitter や Instagram などの SNS によって，あっという間に拡散される．企業がさまざまなメディアを使って一生懸命広告を流すよりもはるかに効率よく情報が拡散され，また友人や知人からの連絡であれば拒否されることなく受け入れられるという効果がある．

6.6 UX を考慮した UI のデザイン   143

このように，発信側だけの都合や考えではなく受け取る側の体験や気持ちを考えたデザインは，コンピュータの使用そのものだけではなく，それを利用するようなインタラクティブな仕掛けに共通して一つの解決策を提示するものとなる可能性がある。

6.6　UX を考慮した UI のデザイン

これまでの **UI のデザイン**は，機能をいかにわかりやすくし使いやすいものを提供するかという観点からおもに行われるものとみなすことができる。いわば，提供する側から考えた工夫といえるだろう。それに対して，UX を考慮したうえでの UI のデザインは使う側が使用に際してどのような体験をするかを考え，それを快適にすることを念頭に置いたものといえる。

UI のデザインは，用意されている機能に対してユーザがいかにアクセスするかを与えるものであった。それは，コンピュータのアプリケーションにおいてはおもに画面上のボタンやメニューなどの，操作に関する部品の視覚的な表現のデザインが大きな要素を占めていた。これは，すでに存在するものを「どのように与えるか」という発想によって考えたものと理解することができる。ここで達成したいことは，まず，用意した機能をもれなく利用できる手段を提供するということであり，次にそれらの操作をわかりやすく提供するということである。用意した機能がすべて利用されることを前提として，それらに対するインタフェースをすべて用意し，それらをわかりやすくするデザインを考えるのである。

それに対して，UX を考慮するというのは，目的の作業をするにあたってユーザはどのような状態になりたいのかを想像することである。どのような使い方をして，そのときにどのような反応があるとうれしいだろうかを考えることである。そのような考察においては機能面だけが重要なわけではない。ユーザが欲しない機能が充実していてもよい UX を与えることにつながらないが，ユーザが欲しい機能（反応）が欲しいときに与えられると気持ちよさを与える

144   6. 対話から体験へ

ことができてよい UX につながるだろう。また，それを使用して目的としている作業が達成できるかどうかではなく，どのようにしてそれが達成されるかが重要視される部分である。

　そうしたことを考慮してよい UX を創る要素として考えるべき項目がいくつか挙げられる。まず，アプリケーションやシステムの使用においてユーザがどのような体験を得るかは，使用する状況（**コンテキスト**）が大きな影響を与える。また，ユーザ自身の状態（気持ち，気分）も重要な要素である。最後に，アプリケーションやシステムの機能をどのような単位で提供し，それにどのようなインタフェースを与えるのかという面が当然ながら考慮されるべきである。コンテキストとは使っている場面とか物理的，社会的な環境，また，使用している目的や背景などのことである。例えば，文章を書く作業を会社の机で行う場合と，海辺のリゾートでカクテルを飲みながら行うのでは，ユーザがどのような使い方をしたいのかはまったく異なると想像できる。また，契約書のようなものを書くのか個人的な日記を書くのかの違いによっても，要求する機能やインタフェースは違ったものになるはずである。前者では，きちんとした文章を用意されたフォーマットに加工して仕上げることが必要になるため，そのような作業をサポートする機能が必要になる。一方で，リゾートで個人的な日記を書くのであれば，余計な操作に煩わされることがないように最小限の操作で，ただ思いつくままに文章を作ったものを綺麗な見栄えで表示してくれるものが求められるのではないだろうか。このように，アプリケーションやシステムを設計する際に，特定の機能や装置を前提として何ができるのかを考えるような**技術中心のアプローチ**ではなく，ユーザに与えたい体験や感情を想像し，それを実現するためにはどのようなものにすべきかを考えてデザインするような態度が必要となる。

　このように，UX を考慮することは，UI のデザインについて，用意された機能を利用するための操作手段としてだけではなく，よい気分や気持ちよさを与えるようなものとしてデザインすることにつながるのである。そうした観点からは，機能面ではまったく意味のない視覚的なデザインや使用方法の提案もあ

演　習　問　題　　145

るかもしれない。また，どんな使用上の要望にも応えられるように機能を充実するのではなく，逆に大胆に機能を特化したものだけに絞るようなことも行われる場合があるだろう。また，複数の単純な機能をまとめて一つのインタフェースで提供することも考えられる。ユーザのコンテキストや気持ちなどを考えることによって，それに沿ったデザインというのは何にでも対応できるような汎用的な性格のものから，個々の使用の局面や要望に特化した専用のものとなる側面があることを了解する必要がある。

　UX を考慮したデザインは機能だけを考えるわけではないため，それを行うために必要なスキルは，コンピュータサイエンスだけではなく，画面のデザインや装置の造形などのアート的な素養，心理学的な知見や，それが使用される包括的なシナリオの設定や検証といった多方面の知識と，それらを統合的にまとめ上げる構成力が必要となる。

演　習　問　題

〔**6.1**〕　同じ機能や目的のために用意された機器やソフトウェアを複数見つけ，それらの UI を比較して違いや同じ部分を分析し，それぞれどのような方針でデザインしたものかを考察せよ。

〔**6.2**〕　UI がよくても UX がよくない場合があるだろうか？　また，機能がよくても UX がよくない場合はどうか。あるとすれば，それぞれどのような場合か，具体的な例を示して説明しなさい。

〔**6.3**〕　効率や確実性ではなく，驚きやワクワクするような気持ちを持たせるようなメールアプリケーションをデザインせよ。

7章 つながるコンピュータ

◆本章のテーマ

　ネットワークの利用により，コンピュータは独立した装置ではなくたがいにつながることとなった。特に，インターネットの登場により世界中のコンピュータ資源が活用できるようになり，それが電子メールやウェブショッピングなど新しいコミュニケーションのあり方をもたらした。しかしそれは，単に技術的に新しい使い方が増えたということに留まらず，日々の生活や行動指針にも影響を与える大きな変化を与えることにつながるのである。本章では，インターネットにより何が起こり，何が変化したのかについて扱う。

◆本章の構成（キーワード）

7.1　インターネットの登場
　　　ネットワーク，コミュニケーション，ワールドワイドウェブ
7.2　ワールドワイドウェブによる情報の発信と取得
　　　情報発信，HTML，ハイパーリンク，検索サービス
7.3　インターネットがもたらす変化
　　　情報取得の容易さと伝達速度，キュレーション，SNS，メディアの変化
7.4　常時接続性が与える効果
　　　インターネット接続方法の違い，インタラクティブ性
7.5　インターネット時代に求められる人材像
　　　情報の質の判断，情報入手力，情報活用力

◆本章を学ぶと以下の内容をマスターできます

☞　インターネットとワールドワイドウェブについて
☞　インターネットによる情報の発信と検索のあり方
☞　インターネットの利用によりどのようなことが起こっているのか
☞　インターネットへの接続形態によって何が違うのか
☞　インターネットが利用される社会において必要とされる能力

7.1 インターネットの登場

　ここまで扱ってきたコンピュータのあり方や使用の形態は，おもに単体の装置として利用するものとして考えてきた。しかしながら，**インターネット**の登場により，コンピュータの利用や人との関係が大きく影響を受け変化することになった。本節では，複数のコンピュータを連携して利用することによる変化とその影響について述べる。

7.1.1　ネットワークの拡大

　初期の大型コンピュータにおいては，コンピュータの操作は，そのコンピュータに直接つながっている装置（キーボード，モニタ，テープ，出力装置）によって操作を行うものであった。しばらくして，一つの装置を多くの人で共有して使いたいという希望を実現する手段として，ネットワークが導入されることとなる。ネットワークの導入は当初，大型のコンピュータを複数の場所から同時に利用するために複数の端末を1台のコンピュータへとつなげたものであった。その後PCが導入されるようになり，独立したコンピュータどうしをつなぐようなネットワークが広く利用されるようになった（**図7.1**）。それらはまず，部門や会社のなかにあるコンピュータ群を結びつけるだけのものであった（**ローカルエリアネットワーク**，local area network）。用途も，当初はファイルの受け渡しやプリンタの共有のような使い方がほとんどであった。したがって，ネットワークの導入がもたらした変化は，ファイルの受け渡しやプリンタの出力のためにコンピュータやデータとともに人が歩きまわらなくてもいいという点における便利さが一番であり，コンピュータの使用目的自体にさほど大きな影響を与えることはなかったといえるだろう。1980年代頃には電話回線を利用したパソコン通信と呼ばれる商用サービスが利用されるようになり，企業が用意したホストコンピュータを介してメッセージを閲覧する，インターネットの掲示板のような機能が利用できるようになった。

　そうした動きと平行して，インターネットの基となる**ARPANET**（Advance

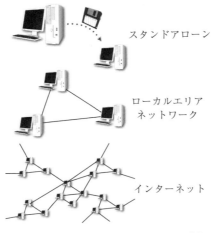

図 7.1 データ共有とネットワークの進化

Research Projects Agency Network）が研究用途として構築され（1969 年），その後**インターネット**（The Internet）へと発展するとコンピュータの利用へ大きく影響を与えることになる。インターネットにより，企業内や部門内だけではなく，外部とのコンピュータ間で情報のやりとりができるようになると，データやプリンタの共有というようなものから，遠隔をつなぐことや，いつでもアクセスできるということを利用して，それまでのコンピュータの利用にはなかった用途が大きく拡がっていくのである。

7.1.2　コミュニケーション手段としてのコンピュータ

　インターネットは部門を超えて，いまや世界中のさまざまなコンピュータを連絡するようになった。研究用途を目的として構築された当初は大学や企業の一部の研究所をつなぐだけのものであったが，いまでは接続のサービスを提供する**プロバイダ**により一般の家庭からもインターネットに接続することが当たり前にできる状況になっている。独立したコンピュータの用途は，数値計算や，データの集計，作成，表計算などに代表されるように，コンピュータを作業道具として使用するようなものが代表的であったが，世界中のコンピュータ

と情報交換が簡単にできるような環境が実現すると，その環境を利用する新たな用途が沢山生まれるようになった。まず，利用されるようになったのが通信手段としての使い方である。初期にはテキスト情報のやりとりがほとんどであり，**電子メール**や掲示板のような機能の**ニュースグループ**が利用されるようになった。ニュースグループの機能はウェブの時代になって掲示板やSNSなどのサービスに置き換わっていったが，電子メールはいまでは業務や日常生活に欠かせない通信手段として使われている。

7.1.3　情報共有手段としてのコンピュータ

1990年，ヨーロッパにあるCERN（欧州原子核研究機構）という研究所のティム・バーナーズ＝リー（Tim Berners-Lee）という研究者によって，現在インターネットの代名詞のように使われている**ワールドワイドウェブ**（World Wide Web，**WWW**）のしくみが発表された。WWWは当初はCERN内での研究情報の共有に利用されていた。**図7.2**は，そのときに作られた初めての**ウェブページ**である。

図7.2　世界で最初に作成されたウェブページ（CERN）

そのときのウェブページは文字情報だけであったが，その後画像を扱うことができるように拡張され，その利用が世界中に拡がっていった。現在では，ウェブによって画像だけでなく動画や音楽のファイルの利用もできるようになり，その見栄えは大きく変わることになった（**図7.3**）。さらにプログラム言

150　　7. つながるコンピュータ

図 7.3　現在のウェブページの例

語によってインタラクティブなしくみを用意することも可能なように拡張されており，WWW を閲覧するための**ブラウザ**と呼ばれるアプリケーション・ソフトウェアはあらゆるインターネット上のサービスを利用するためのプラットフォームといえるくらいに進化している。

　ウェブの登場はインターネットを介した情報へのアクセス方法を提供することによって，誰にでも大勢の人へと情報やメッセージを発信することや，自分の作品を発表する手段をも提供することになった。それまではテレビや新聞，雑誌などの企業によるメディアに載らなければ実現できなかったような多くの人への作品や情報の発信が，インターネットとウェブによりページを作成することで誰でも自力で行えるようになった。ウェブページを作成するための言語である **HTML**（hypertext makeup language）による記述はプログラミングにも似ていて若干作成に苦労する部分もあったが，そのうちにウェブのページ作成を支援するアプリケーションやサービスが現れその作成の障壁は低くなった。当初は研究成果や情報をまとめたものなどがウェブのおもな内容であったが，そのうち個人的な日記や，自分が撮った写真や描いた画像を載せるなど個人的な内容もコンテンツとして現れ，現在ではありとあらゆる内容のものがウェブページとして発信されている。また，ウェブにすることによって，従来のメディアよりもより広い範囲である世界中に発信できるようになり，期待さ

7.2 ワールドワイドウェブによる情報の発信と取得 151

れる閲覧者の数も比べ物にならないものとなる。このように個人による世界への発信が簡単にできるようになったことで，何かを外に向かって発信するということに対する意識も変わってきたといえるだろう。また，以前では何かを調べるときには大きな図書館に行き，何冊も関連の文献にあたったりしなければならなかったものが，今日ではインターネットを探せば大抵のものについての記述が見つかるようになった。現在では，情報の爆発と呼ばれるほど，さまざまな情報が日々ウェブ上に生みだされている。

7.2 ワールドワイドウェブによる情報の発信と取得

はじめは一つの組織内における情報共有のためのしくみであった WWW は，今日ではインターネットとそこで提供される情報やサービス群を利用するための基本的なプラットフォームとなった。本節では，WWW についてより詳しく見ていく。

7.2.1 情報発信の敷居の低さ

インターネットとウェブが利用される以前では，情報を発信するという行為はマスメディアと呼ばれるような企業でなければ難しいものであった。そうした会社は**コンテンツ**を集めたり作成したりするだけでなく，それらを多くの人に届ける新聞やテレビなどの手段を持っていることによって情報発信が可能であった。しかし，インターネットとウェブの登場とそれらに誰もがアクセスできるような環境が整うことによって，非常に多くの人に，個人として情報を発信する手段も与えられることになったのである。

ウェブ上に情報を発信するのは，初期には直接 HTML を記述することによってコンテンツを用意する必要があり，そうした手段でページを作成する知識やインターネット利用の知識が必要であったが，近年ではウェブページを簡単に用意するためのサービスやツールが用意されており，また**ブログ**や **SNS** など簡単に発信できるサービスも多数存在しているため単に文章を書くだけで済む

場合が多い。また，音楽，絵画や動画の作成も，コンピュータで制作する手段が提供され，専門の機材がなくても制作することができるようになった。特に動画はスマートフォンで撮影したものを簡単に編集することもできるようになったうえに，利用できるインターネットの通信速度が早くなったため誰でも行えるようになって，非常に大量のコンテンツが日々生産されている。

このように，コンピュータによるコンテンツ作成の敷居が低くなったこととインターネットの普及によって，それらを発信するための手段が個人でも容易に利用できるようになり，それまでのマスメディアが主体であった情報の発信を，個人が資格や許可も必要なく行えるようになったのである。

7.2.2 大量な情報の生産

情報の発信が容易になったことで，あらゆる人があらゆることについての情報をウェブを利用して発信するようになった。また，ネットワークでは，情報源への地域性や距離などが問題にならず，世界中のどこで発信された情報に対しても瞬時にアクセスできることは以前の情報入手の過程と大きく異なる点である。しかしながら，大量の情報が日々創出されるような状況となったことで，ウェブ上で特定の情報を探すことが困難になった。

ウェブが登場した初期のころは，特定のページから**リンク**によって関連した別のウェブページを辿っていくという方法で情報を発見することができた。この場合，最初にスタートするウェブページのあり処を知っていなければならないが，そのような情報はニュースグループや雑誌で入手することができた。

しかし現在ではウェブページが爆発的に増加し，そのような方法ではウェブ全体にある情報を活用するのには不十分である。そこで，特定の情報や話題に関連するウェブページがどこにあるかを示す**ディレクトリサービス**というものが提供されるようになった。これは，カテゴリー別に話題を分類していき，それに関連したウェブページをまとめてリストアップした，「情報源の情報」を提供するものであった。初期の Yahoo! はこうしたサービスを提供するものであったが，すぐにウェブページの数が爆発的に増加し，人の手でウェブを探し

当てて電話帳のようにまとめることは作業が追いつかなくなった。そこで，コンピュータによって自動的にウェブを検索する**検索エンジン**という技術と，それを利用したウェブ検索サービスが Google などによって提供されるようになった。検索サービスを利用することで膨大な情報の山から，探したい特定の情報を簡単に発見することができるようになったのである。

　こうした情報検索の方法の変化により，以前は大きなカテゴリーに属するような内容の情報が主であったウェブページのコンテンツが，現在では趣味やローカルな地域に関する情報など，非常に限定された内容のものも多く提供されるようになった。また，知識や成果を世界に発信しようとするもののように作り込んだものだけでなく，ブログという方式で，個人的な感想や日常について発信するようなことが行われるようになった。個人的な内容を一般に公開したり，きちんと構成したものではないものを発信したりするようなことが気軽に行われるようになり，情報の発信に関する意識は従来のマスメディアの時代から大きく変化したといえよう。

　大量で多様な情報発信が起こした変化が人に与えた影響で大きなものとして，文化の**グローバル化**があるだろう。他の国の情報の多様な文化へ容易に触れることができるようになったことで，文化の伝達が地域に限定されずネットワークを介して興味を引き起こし，**コミュニティー**をグローバルに形成することが多く観察されるようになった。日本に関連したものでは，アニメやコスプレといったポップカルチャーが世界中で大きく受け入れられるようになっている。こうして，ネットワークを介した情報伝達が，現実の生活にも影響を与え，地理的な距離に限定されないコミュニティーを形成するような影響力を持つようになったのである。

7.2.3　**HTML** による情報の連携

　インターネットで提供される情報は，先に述べたように非常に多様な分野で大量のものがある。多くの場合，それぞれのウェブページから関連した他のウェブサイトへ**リンク**（**ハイパーリンク**）でつながりが与えられている場合が

多い。ウェブのコンテンツの記述には **HTML** という一種のプログラミング言語のようなものが用いられる。これはマークアップ言語と呼ばれるものの一つで，文書構造を表すことができるものである。HTML においては文書の要素間のリンク構造を指定することで，ウェブブラウザにおいてリンクをクリックするとリンク先に移動することができるようにもなった。リンクは，同じページの別の部分でもよいし，他のサイトのページでもよい。ページ中のリンクをクリックすると，それに伴ってブラウザにリンクで指定された先のページが表示されるようになっている。このしくみによって，一つのサイトで提供されている知識だけでなく，関連した内容を組み合わせたより広範な内容や視点による情報群を辿ることができる。本や新聞，テレビ，ラジオなどの従来のメディアでは関連情報の紹介がされていたとしても，それを実際に調べて参照するには資料を自身で探し出してくる努力が必要であった。それに対して，ウェブのリンクを辿ることはブラウザ上でクリックするだけであり，とても簡単である。

　ウェブで提供される知識はこのように連携することによって，単に該当の情報を閲覧するだけに留まらず，その情報をより広い知識の関連性の中で理解することと，関連の知識を拡げていくことが容易にできるようになっている。従来は情報を取得する個人の努力に委ねられていた知識の連携を，しくみとして与えていることがウェブ上の情報が従来のメディアと大きく異なる利点の一つである。

7.2.4　情 報 の 検 索

　ウェブページの数は，インターネットの登場以来飛躍的に増加し，2008 年の時点で 1 兆のウェブページが存在するとの報告がある（Google Official Blog）。これはページ数についての数だが，いくつかのページがまとまって構成しているウェブサイトの数は 2014 年に 10 億サイトを超え，2017 年 3 月現在では 11億 6 千万を超えてさらに増加している（Internet Live Stats[†]）。このように，

---

　†　http://www.internetlivestats.com

7.2 ワールドワイドウェブによる情報の発信と取得　　155

現在ではウェブで提供されている情報の数はとんでもない多さになっている。

それらの中から特定のページを指定するには，個々のページに割り当てられた **URL**（uniform resource locator）と呼ばれる住所によって行う。URL は，http:// で始まる文字列の形をしている。この住所を直接ウェブブラウザに入力するか，ウェブページを記述する HTML という言語内の記述によって，ウェブ中のリンク部分をクリックするとその URL に移動するようなしくみが与えられている。

ところで，たとえ，そのように個別のページを識別できるしくみがあったとしても，10 億のサイトや 1 兆ページのなかから自分が必要とするウェブページを探し当てるのは不可能であり，希望する情報のページを検索する何らかの方法が必要となる。ウェブが登場した初期には，いくつかの代表的なウェブサイトの URL がメールなどで共有され，そこからリンクを辿ることでその他のサイトに辿り着くような方法で対応することができた。しかし，サイトの数が増大するにつれてすぐにその方法では充分ではなくなった。まず，現れたのは，タウンページのように，扱う情報のカテゴリーごとにウェブサイトへのリンクを集めて提供するものである。当初はそのようなリンク集の雑誌が存在したが，すぐに紙媒体では対応できなくなり，ウェブ上にそのようなサービスが現れることになった。上位のカテゴリーを選択すると，その下にさらに細かく分けたサブカテゴリーが現れ，さらにその下のカテゴリーを辿って行くと，最終的に関連したウェブサイトへのリンクの一覧が提示されるというものであった。このような，カテゴリーを辿ることによって希望するサイトを探すウェブ検索の方法はディレクトリ検索と呼ばれ，初期の Yahoo! がこのような形で情報を提供した（**図 7.4**）。

ところで，このようにリンクを人力で収集しカテゴリー別に整理することには，いくつか問題があると考えられる。まず，ウェブサイトを分類する人やプログラムの判断によって，そのサイトに辿り着くためにカテゴリーを辿る経路が決定されてしまうことである。検索する人が考える情報のカテゴリーと，分類する側の判断が，必ず一致するとは保証されない。また，本来ならより適切

図 7.4　Yahoo! Japan のディレクトリ検索ページ
（1996 年，Wayback Machine より）

なウェブサイトがあっても見過ごされる可能性がある．さらに，このように事前に URL を収集しておく方法では情報が古くなってしまい，リンクを辿ろうとしたときにすでにそのページがなくなっている**リンク切れ**ということがよく起こった．こうした課題により，ウェブサイト数がさらに増大するにつれて事前に人力で収集した情報で目的のサイトを見つける方法ではやはり対応できなくなった．そこでリンクをカテゴリー別に分類するのではなく，キーワードによって関連するウェブページをリアルタイムに探し出すしくみが利用されるようになっていくのである．

　現在では，Google に代表されるような**検索エンジン**と呼ばれるサービスが利用されている．これらはキーワードを入力することによって，該当するウェブ上の情報を発見するものである．非常に膨大なリンク情報のなかから特定のページを探し出すことができるサービスは，ウェブの時代にあって非常に重要な機能である．検索エンジンと呼ばれるものは，世界中のウェブにある情報を

プログラムによって自動的に収集し，その内容にあるキーワードによって該当ページを見つけ出すシステムである。特定のキーワードに該当するウェブページは大量に存在することが多いため，検索結果として表示するには何らかの手段で順番を決定し，上位のものから表示するようなしくみが必要である。順位のつけ方にはさまざまな方法が考えられるが，Google は，ページ間のリンクを解析し，他のサイトからのリンクが多いものほど有用性が高いページとして上位の順番を与える方式を採用した。これによって，キーワードに該当するウェブサイトのなかから，より多く参照されているものを見つけることができる。Google はこうしたサービスを提供することで，とても強い影響力を持つようにもなったのである。

7.3　インターネットがもたらす変化

インターネットの利用が一般化し，その用途も単なる情報の発信や閲覧から拡大していくと，生活においてそれらに関わる時間も多くなっていった。そのことは生活に影響を与え，人の意識にも変化をもたらすこととなった。ここでは，そうした変化について述べる。

7.3.1　情報取得の容易さ

ウェブによって個人が情報発信することが非常に容易になり，大量の情報が提供されるようになったことは先に述べた。ウェブでは，そのような個人発信の情報だけではなく，公共機関や企業がサービスとして発信する情報も大量に提供されている。かつては図書館に行って資料を調べなければ確認できなかったような専門的な内容などが今日ではネットワーク上で簡単に入手できるようになった。また，そうした学術的な知識やデータだけでなく，地図，電車の運行時刻などの日常生活で必要となる情報も多数提供されている。例えば，料理のレシピや近くのレストランなどについても，インターネット経由ですぐにわかることが期待できる状況である。それだけでなく，日常のなかでのちょっと

158   7. つながるコンピュータ

した知識など，ほとんどの話題がウェブのページとしてまとめられている。また，前節で述べたように，ウェブによって個人でさまざまな発信を簡単にできるようになったことの結果として，個人の日記や感想（ブログ）など雑多な情報が**情報の爆発**と呼ばれるほど溢れるようにしてウェブ上に存在している。そうした大量の情報源のなかから，これも先に述べた検索エンジンによって，必要な情報を即時に見つけ出すことができるのである。また，スマートフォンなどのモバイルデバイスの普及によって，情報の取得方法はウェブブラウザだけでなく，そのためのアプリ類が多く提供されるようにもなった。

　インターネットによって取得できる情報の従来のメディアと異なった大きな利点として，内容の豊富さ，更新速度の速さ，内容の粒度の細かさが挙げられる。内容の豊富さについてはすでに述べたが，スポーツの結果や交通情報などは，従来であれば新聞，テレビやラジオなどでは決まった時間にしか情報が更新されなかったものが必要なときにリアルタイムに取得できるようになった。また，マスメディアで取り上げられる内容は一般の人が共通して関心を持つような大きな話題やニュースに限定されていたが，インターネットでは少数の人しか関心を持たないようなトピックや，限定された地域だけの話題なども豊富に提供されている。さらに，コンピュータを利用していることの特性としてインタラクティブに情報の発信源とやりとりできるという特性がある。例えば，リンクを辿ることによって関連情報を追っていくことができる。また，スマートフォンなどのセンサ機能によりその人の状態を知り，それに合わせて情報を提供するということも行われる。GPS を利用して現在位置を知り，その近隣の情報を提供するなどということが代表的な事例である。情報の発信元に質問やコメントを送り，その回答をもらうようなインタラクションが可能なものが多く存在する。

7.3.2　情報伝達の速さ

　インターネットの普及によって，情報の量や質だけでなく，その伝達の速度と規模も大きく変化した。かつては一週間ごとに映画館で放映されるニュース

で世のなかに起こった出来事を知った時代もあった。また，新聞でも一日前の情報が最新のものとして届けられているのである。離れた地域の人との連絡手段が手紙であったときには，連絡と返事が往復するまでに数日かかった。電話であればそれは即時に行われるが，それは個人宛ての情報伝達だけであった。そのような情報伝達の速度と規模は，インターネットによって即時かつ多数に向けて行うことが可能となった。今日では，ニュースは事象が起こると即座に情報として提供されるようになった。また，従来のマスメディアでは紙面や時間などの物理的な制限から大きな事案しか伝えられなかったが，インターネットによってそれまでは伝えられることがなかった細かな事柄も全国的に知ることが可能となった。また，その情報は物理的な距離や旧来のメディアのような情報発信の時間間隔などの制限によらず，世界中の多くの人に一斉に届けられることになる。このような情報到達の速度と規模は，従来と異なる速度での社会変化をもたらす要因ともなる。例えば，話題や流行がある地方や国から口コミなどで徐々に拡がっていくのではなく，ウェブやSNSによって距離に関係なく，さまざまなところで同時に拡がっていく。近年（2011年）に起こったチュニジアでの革命を緒にして始まったアラブの春では，Facebookによって一般市民の間に情報や呼びかけが行き交うことで短期に運動が盛り上がり，事が進行した例がある。

　このように，情報が行き渡る規模と速度の昔との違いは日々の個人的なやりとりだけに留まらず，商品開発やサービスなどにも変化の速度を促すことにもつながったり，一つの国の経済や政治問題に端を発する問題が世界中に拡がったりすることなどにも影響を与えている。

7.3.3　情報の再構築

　ウェブの登場によって情報が無数に生み出されるようになり，それらのなかから情報を探し出すための検索サービスができたことはすでに述べた。しかしながら，目的のためにまったく合致した情報が，必要とする状態で始めから一つにまとめられているということが必ずしも期待できるわけではない。その場

合には，さまざまなウェブサイトに散らばっている大量で雑多な情報を，関連するキーワードを駆使して複数のウェブサイトにあたり，そのなかから有用な情報を抜き出すという作業を行わなければならない。そうしたことを受けて，さまざまなサイトからの情報を特定のテーマに沿ってまとめ直して提示するようなことが行われ始めた。それは単にあちらこちらからページの断片をコピー・ペーストして配置したというようなものではなく，むしろ美術館で特別展を開催するときに，特別な視点からのテーマを掲げ，それが理解できるような作品を集め，内容に沿って配置し，適切な解説をつけるという**キュレーション**という作業に似たものである。例えば，ファッションやインテリアなどについての情報を集めるにしても，ただカタログ的に商品の情報を並べるのではなく，若い女性向けであるとか，おしゃれな内装のための工夫であるなどの特定のテーマに沿って情報を収集し加工しているのである。また，キュレーションされたコンテンツを集めて提供するようなサイトやアプリケーションもある。このような，新しい視点からとらえた理解を与えるように必要な情報を収集して加工し直し，新しいコンテンツとしてまとめ上げることが創造的な活動として認識されるようになっている。

　また，キュレーションとは異なるものであるが，料理のレシピやレストランの情報などを投稿してもらうための共通のフォーマットを用意し，特定の分野の情報を不特定多数の人から提供してもらって集めるようなサイトも多数存在している。

　このように，さまざまな人や団体から提供された雑多な情報が散在されていた当初から，それらを探し出すための検索機能が提供されるようになったことを経て，特定のテーマや視点を設定して情報を二次利用することが行われているのである。こうした試みは，個々の情報をまとめて新たな価値を生み出すような創造的な結果につながることがある一方で，雑多な情報を確認もなしに集めて提供するようなことにより，虚偽の情報が著名なサイトで提供されることによって信用され被害が起こるようなことも発生している。

7.3.4 マスメディアからインターネットへ

インターネットの利用では，情報の発信だけでなく，新聞記事の提供やテレビ番組や映画の配信などの従来のメディアを置き換えるような利用が行われるようにもなってきた。従来のメディアによる時間的な制限や地理的な制限がないことから，同じ内容のものをより高い自由度で提供することができる。また，インターネット上の多くの情報と連携させることで，従来よりも付加価値の高いサービスとして実現できる。例えば，テレビ番組は決まった時間でなければ視聴することができないものであったが，ネットワークによる配信では都合のよい好きな時間に見ることができる。また，新聞の記事は特定の時刻までの記事しか掲載されないが，インターネットではリアルタイムに記事が更新される。内容としては同じものを提供するのであっても，より便利な形態で提供することができるのである。こうしたことから，旧来の紙媒体の新聞は大きく発行部数を落とすこととなり（図 7.5），世界的に見ても新聞社の経営に大きな影響を与えている。そのため，ほとんどの新聞社はインターネットによる記事の配信サービスを用意することになり，収入もネットワーク配信のサービスに移行するように変化を試みている。テレビも，従来の放送と合わせた有料のインターネット配信サービスを用意するなど，従来のメディアから完全に置き

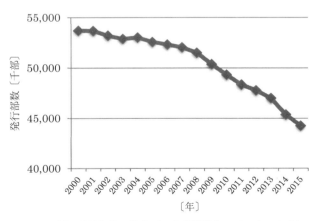

図 7.5　新聞発行部数の推移（日本新聞協会のデータによる）

換わったわけではないが，大きな影響を与えていることが観察される。

　同様にテレビや書籍，音楽CDなどについても同様の傾向が見られる。テレビに対してはYouTubeなどの動画サイトが多く利用されるようになった。そうした傾向を受けて従来のテレビ局も自社のコンテンツをウェブで閲覧できるようなサービスを始め，また，インターネットのみでコンテンツを提供する映像配信サービスも現われている。従来のテレビ放送とインターネットによる配信の最大の違いは，視聴に際して時間や場所を制限されないことであろう。途中で見るのを止めておいて，好きなときに再開することもできるし，モバイルPCでのインターネット利用に伴って外出先でもちょっとした空き時間に利用できる。本やCDに関しては，それらを所有することは物理的に場所を専有することになるが，データとして所有するのであれば，いくつあってもそうした心配がないという利点がある。また，音楽についてはCDであれば購入したものしか聴くことができないが，定額の使用料によってそのサービスにある曲が聴き放題というものであれば，好きな曲をいくらでも聴くことが可能である。

　このようにメディアの配信が物理的な制限を受けないことに加え，情報の管理を便利にできたり似たような作品の推薦を受けたりほかの人のレビューを見ることができるなど，コンピュータによる付加機能がより便利な使い勝手を提供する。テレビ番組や曲や本などコンテンツ自体は従来メディアと同じであっても，それを配布する媒体が物理的なものからインターネット上のデータへと変わり，インタフェースの違いによる利点が提供されることで徐々にこうしたインターネットを経由したコンテンツ提供の形式を利用する割合が増えている。

　さて，いわゆるマスメディアというものに大きな影響を与えているものに**広告**がある。マスメディアの収益の大きな部分を占めているのは広告費であるが，インターネットによる広告の割合が徐々に増加し，現在では，企業がかける広告費はインターネットによるものが新聞広告を抜いてしまった。新聞などのマスメディアによる広告は不特定多数の人に発信するものであったが，イン

ターネットでは，例えばウェブショッピングの情報によって個人の嗜好に合わせた広告内容を提示したり，広告をクリックした人数を収集できるなど，より対象を絞った効果的な広告の発信と，その効果の評価を具体的に行うことができる利点がある。先に述べたように，多くの人がインターネットやウェブによるコンテンツを利用する方向に進むことで広告の媒体も同じ方向にシフトしていっているが，そのことがコンテンツのインターネットへの移行をさらに進める一つの要因として考えられる。

7.3.5 実世界へとつなぐツール

インターネットが登場するまでのコンピュータは単独の装置として利用していたため，コンピュータで作業することはコンピュータ内部のデータに対する働きかけとして閉じていた。インターネットによって，他のコンピュータからさらにその先にある人や，さらにその先にあるサービスにつながることで，実世界との関わりをコンピュータの作業を通じて持つことができるようになる。インターネットが利用されるようになってすぐに，その機能を利用して通信販売のサービスに利用することが行われ始めた。現在，非常に大きなサービスへと成長した Amazon も，WWW が利用され始めるよりも以前に文字だけのインタフェースで書籍の販売を行っていた。WWW の登場によってその利用が格段に楽になり，いまでは実店舗を脅かす規模にまでインターネットによるショッピングが一般化した。このように，インターネット上のサービスは単にコンピュータ上で完結するものだけではなく，店舗などの現実にあるサービスへの一つの入り口として存在することになった。コンピュータに向かって行うことがコンピュータ内のデータにのみ関わることであったことから，現在では，それが現実の世界に関わるようになったのである。

7.3.6 インターネットによる社会関係の形成

インターネットでは，電子メールによる個人間の通信に留まらず，SNS と呼ばれるサービスによって多数の人がやりとりをする場が実現している。現実

164 7. つながるコンピュータ

における友人関係などを基にする場合が多いが，ネットワークのサービス上の
やりとりのみで知り合いになることも珍しいことではなくなっている。そうし
たサービスを土台として，ネットワークを介した人の集まりができるように
なった。ネットワークを介して一対一のコミュニケーションに留まらず，ウェ
ブへの書き込みによって同時に複数の人とコミュニケーションをとることがで
きるように拡張され，そこに人の集団が形成されるようにもなったのである。
この例のように，ネットワークはコンピュータを現実へとつなぐツールとする
だけではなく，それ自体が新しい社会的な構造を創る場の役割を果たすように
までなった。また，一部では，そうしたコンピュータを通した人間関係のつな
がりが大きな影響を持つようになることも起きている。

7.3.7 インターネットによる問題

インターネットによってさまざまな利点がもたらされている一方で，イン
ターネット利用に関連した課題も多数起こるようになってきた。以下に例をい
くつか挙げてみよう。

まず，ウェブの**不正アクセス**や**コンピュータウイルス**などによる問題があ
る。近年では，さまざまなサービスにウェブが使用され，顧客情報や購買履歴
などの個人情報がインターネット上に大量に保管されている。そうした情報が
不正に引き出され，それらの人が了承していないところで勝手に利用されたり
することや，クレジットカードや会員情報を不正に利用されるような事件につ
ながるようなことが起きている。また，同じように情報の不正取得を目的やい
たずら目的などでウイルスと呼ばれるソフトウェアをメールなどで配布するよ
うな行為も大量に発生するようになった。特定のウェブに一斉に通信を送りつ
け，そのサービスが使えなくするような行為もある。希望していない商品情報
を特定の対象ではなく誰かれ構わず大量にメールを送付する**スパムメール**と呼
ばれるものもある。送付先は，インターネット上で自動的に集めたり不正に入
手したりした情報などを用いて，興味があるなしに関わらず一斉に送るもので
ある。また，繰り返し同じものを何度も送ってくることが多く，非常に迷惑で

問題となっている。また，商品情報ではなく詐欺に結びつく内容のものが配信されることも多い。こうした問題に対して，ウイルスを防いだり除去したりするセキュリティソフトと呼ばれるものが用意されたり，メールのアプリケーションが自動的にスパムメールを取り除くようなしくみが導入されたりしているが，インターネットを利用するうえで大きな問題となっている。

また，SNS などで話題や画像を載せて他の人にアピールしようとすることがエスカレートし，違法な行為を画像や動画に収めて発信する人があとを絶たない。匿名性を利用して，他の人の発言を大勢で攻撃するような「炎上」と呼ばれる行為も日常的に観察されるようになっている。通常のコミュニケーションと違い，やりとりをしている相手の人達を具体的な人間としてイメージできず，その情報を閲覧している人の規模が想像できないことに端を発するこうしたことは個人の問題ではあるが，そうした問題が表出するのは新しい活動環境がインターネットにより提供されたことがきっかけになっただろう。

こうしたインターネットに関連した行為や事例に対して，現行の法律が想定していないことがあるため，充分に取り締まれない事例があることも課題であり，今後そうした法律の整備が期待される。

7.4　常時接続性が与える効果

インターネットが与える影響について述べてきたが，そうした用途の拡がりと合わせて生活に大きな影響を与えることとなったのは，インターネットにつねにアクセスすることができる**常時接続**の実現であろう。本節では常時接続が与えた影響について述べる。

7.4.1　インターネットへの常時接続の実現

インターネットへの接続が，プロバイダと呼ばれる業者によって一般に公開されるようになった当初は，ダイアルアップと呼ばれる電話回線を通じた接続方式であった。これは，インターネットを利用したいと思ったときに，電話回

線経由で**プロバイダ**のコンピュータに接続してインターネットを利用するものであった。この方式では，何かウェブの情報を探したいとか，ショッピングサイトで買い物をしたいというような必要が生じたときにインターネットに接続し，用が済んだら接続を解除するという利用の仕方であった。多くの場合，接続の時間に比例して料金がかかるようになっていた。

一方，現在ではプロバイダが提供するサービスによってインターネットに接続することは同じであるが，ほとんどのサービス形態においてつねにインターネットに接続していること（常時接続）が普通になっている。また，料金もいくら使っても月ごとに一定の料金（定額制）が導入され，インターネットへの接続時間を気にする必要もなくなった（**図 7**.6）。

（a） ダイアルアップ　　　　　　　　　　（b） 常時接続

図 7.6　インターネットへの接続形態の違い

それまではインターネットに接続が確立したあとで，インターネットを利用するためのアプリケーションを起動すると，そこで初めてインターネットにアクセスをするような使い方であった。これは，保管されているデータを必要なときに取りにいって使用するようなイメージの使い方である。データに変更があったとしても，それはつぎにインターネットに接続してデータを取得しにいくまでわからない状態である。手間の容易さは異なるものの，自分から取りにいって内容を確かめるのは図書館で本を借りることと似ている。

いちいち接続に手間がかかる方式では，それなりの必要性があるときでなければわざわざインターネットを利用しようとは思わないだろう。一方で，インターネットに接続している状況が通常になると，些細なことでもインターネットで調べたり利用したり，特に用事がなくても何か新しいことを眺めるだけで

7.4 常時接続性が与える効果　167

も利用するように意識が変化する。そうしたことは，モバイルデバイスの登場によってインターネットにアクセスできる場所や時間の制約から開放され，さらに強化されることになる。

7.4.2　ワールドワイドウェブの機能の拡大

当初，**ワールドワイドウェブ**は情報の共有のためのしくみであり，ブラウザを介して情報を発信することと閲覧することを目的としていた。そのため，そこでは文章や画像などの情報がやりとりされるに留まっていた。そのうちに，動画や音声なども扱うことが可能なように HTTP の仕様が拡張されたが，それでもそれは情報のやりとりに用いるしくみに留まっていたといえるだろう。しかしそのうちに，ブラウザをプラットフォームとしてプログラムを実行できるしくみが開発された。1994 年に Java 言語によってブラウザ（HotJava というブラウザ）上でプログラムによってアニメーションを実行することができる環境が発表された。これを機に，ワールドワイドウェブが，情報を発信や閲覧するための手段に留まらず，さまざまな機能を実現するためのプラットフォームへと変化することになったのである。その後，Java を実行できるブラウザが拡大し，すべてのブラウザが Java によるプログラムを実行できるようになった。また，当初は HTML に埋め込まれた Java プログラムがそのページを閲覧されるときにサーバからブラウザへ取得され，そのコンピュータ上で実行されるだけであったが，その後，サーバで動作するプログラムと閲覧するブラウザ側で実行するプログラムがやりとりを行って動作するしくみが作られた。これによって，それまで固有の通信方法によって実現されていた業務用途が**ウェブブラウザ**によって簡単に用意できるようになり，ウェブを介したショッピングサイトが沢山作られるようになった。ウェブでそのようなしくみを開発することができる言語も現在では Java に限らず，JavaScript，PHP，Python，Ruby など多岐にわたる。最近ではウェブによって利用する機能が，ショッピングなどのサービスを提供するサイトだけでなく，ワードプロセッサや表計算など従来では単体のコンピュータに専用のソフトウェアをインストールして使用して

いたものまで提供されるようになった。ウェブでこのような機能を提供することの利点はさまざまであるが，メンテナンスやライセンス管理の効率化や，使用するコンピュータによらずにどこからでも同じデータに対して作業を共有し，継続できることなどがある。

このような発展は，コンピュータという機械が，そこにすべての機能が存在している単独の機械から，外部に用意されているさまざまな機能を利用するためのアクセスの道具へとその位置付けを変えることになったと見ることができる。

7.4.3 インタラクティブ性の獲得

つねに手元のコンピュータがインターネットに接続した状態であるということは，インターネットの向こう側からこちらにアクセスすることもリアルタイムで行う基盤ができたことを意味する。一方通行ではなく，インターネットの向こう側からのアクセスも自由なタイミングで可能であるということは，インターネットを介して，外部のさまざまな人や機能やサービスと**インタラクティブ**に関わることができるようになるということである。インタラクティブ性の確保は人と人との間の通信がリアルタイムにできるということだけではなく，ソフトウェアやシステム間の連携をも可能とする（**図7.7**）。

例えば，コンピュータにインストールされているソフトウェアを自動的に

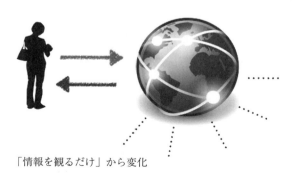

「情報を観るだけ」から変化

図7.7 インターネットへの常時接続性によるインタラクティブ性

アップデートすることが実現している。また，天気予報として雨が降り始めることを自動的に通知してくれたり，乗り物の乗り換え情報をその場ごとに指示してくれたりするなど，現実の情報がリアルタイムに向こうからやってくるようなことが行われている。このように，インターネット上の情報やサービスに変化があればそれが直ちに反映されるようになった。こうした，インターネット上のシステムから情報が自動的に送られてくる方式はプッシュ型情報配信とか**プッシュ通知**と呼ばれる。それに対してユーザが自ら情報を取得するのはプル型（**プル通知**）と呼ばれる。つまり，インターネット上の世界が，情報が多数保存されている倉庫のようなものから，普段の生活のなかで常時やりとりしている環境の一部となったような感覚で関わるものへと変化してきたといえるだろう。いわば，自分が関わることのできる現実の世界が拡張されたように感じられるような効果をもたらすことになったのである。こうした，機能と機能の自動的な連携はあとの章で扱う **IoT**（internet of things）や**ユビキタスコンピューティング**といった概念に発展していく。

7.5 インターネット時代に求められる人材像

　インターネットによる影響でさまざまな分野で変化が起きて，いままで人が担当していたことの一部をコンピュータやネットワークが簡単に提供するようになると，そうした環境で重要視される能力も変わっていくことになる。ここでは，これまで見たような変化を背景にして，どのような人材が現在や今後必要とされていくのかを考察する。

7.5.1　求められる人材像の変化

　知識が特定の場所に集中しており，それらへのアクセスが容易でなかった時代には何かについて知っているということが重要視されていたかもしれないが，インターネットによって必要なときに必要な知識が簡単に入手できるようになると，単に知識を持っていることはさほど大切なことではなくなってし

170   7. つながるコンピュータ

まった。ウェブの初期の頃では，どこに知識があるのかを知っていることがそれなりの価値を持っていたが，検索サービスによってそれも重要なことではなくなった。こうした背景においては，求められる人材像も変化する。以前は知識があるということが有為な人材として認められる側面があったが，こうした現状では，知識そのものよりも知識や情報を使いこなせる力が求められているといえる。情報を使いこなす力とは具体的には以下のような側面が含まれるだろう。

7.5.2　情報の質を判断する力

　これだけ多くの情報が溢れていると，その情報の信頼性はさまざまである。学術的にきちんとした裏付けのあるものや，統計的なデータに基づくものなどがある一方で，個人的な見解を事実のように記述しているようなものや，**デマ**や騙すことを目的とするようなものまでがあり，情報の信頼性には大きな差がある。なかには，**フェイクニュース**と呼ばれる嘘のニュースが多く流されるようになった。情報にそのような差があることは，インターネット以外の情報においても同様であるが，ウェブで一律に発信されているものだとすべてを同様に信用してしまいやすい。このように，内容的な質やその真贋などについて雑多な情報が大量に溢れている状況では，そのなかで有為なものを選びとることができる判断力が非常に重要な能力になる。そのためにはウェブ上にある情報がどのようなものであり，どのように作成されているかということなどに関した，インターネット時代における情報活用への高いリテラシー能力に加えて，どの情報源が信用できるかを判断するための一般的な教養と考える力が要求されることとなる。

7.5.3　情報を入手する力

　知識や情報を誰でも簡単に見つけて入手することができるようになったと述べたが，より有用な情報を入手できるかどうかには能力による差があるといえるだろう。検索サービスを利用すれば誰でも同じ情報に辿り着くはずと思うか

7.5 インターネット時代に求められる人材像　　*171*

もしれないが，検索のためにどのようなキーワードやその組合せを用いるのか
によって辿り着く情報に差が出てくるのである。そのためには，判断する力に
対してと同様に，そうしたキーワードを思いつき，現れた結果を選別して得ら
れた結果を評価することができる教養と考える力が重要となる。

　それがより顕著になるのは，語学的な面である。情報の共有がグローバル化
していることは述べたが，そうした時代において，最も情報量が多いのは英語
によるものである。2015年の調査によると，全ウェブページのなかで英語に
よるものが54％を占めている（W³Techs†）。それに対して日本語によるもの
は，ウェブページに用いられている言語としては4位と健闘しているものの，
その割合は5％にすぎない。英語を理解できることで，十倍以上の情報量を活
用できることになるのである。また，情報を得るだけでなく，情報源となる人
や組織とやりとりを交わすことでさらに詳細な知識を得たり，協力関係を結ん
だりなどの発展につながることを考えれば語学力の重要性が理解できる。もち
ろん，英語だけでなく，他の言語を活用することができる力も情報量や分野を
拡大することに貢献する。インターネットによって，語学力の重要性はますま
す増大したといえるだろう。

7.5.4　情報を利用する力

　知識の取得だけでは重要度が低くなったことはすでに述べた。得た知識や情
報から新たな価値を生み出すことができる能力がこれからは求められることに
なる。具体的にはつぎのような能力が考えられる。

　まず，課題の背景が社会的や技術的に複雑化し，また非常に早いテンポで変
化していく現代においては，問題の本質を正しく理解すること自体が困難であ
る。直面する課題がそのまま同じ形で解答が与えられている場合ばかりではな
い。したがって，インターネットによって多様な知識が得られるといっても，
完全に対応する解答が提供されていることをいつでも期待できるわけではない

---

†　http://w3techs.com/technologies/overview/content_language/all

172   7.　つながるコンピュータ

のである。したがって，新たな課題に含まれている要素を分析し，課題を適切
に理解できる考察力が求められる。また，雑多で大量の情報をただ理解するだ
けでなく，それらに対して独自の視点を設定し，情報に新しい価値を与える
キュレーティングと呼ばれる行為が新たな創造行為として大きなものとなるだ
ろう。

　つぎに必要なのが，自ら問を発する力である。現在の多様な価値観のなかで
は決まりきった課題への対応だけでは新たな価値を創造することはできなく
なっている。新しい視点で従来のものを見つめ直し問を設定することや，異な
る分野のものを組み合わせて新たな価値を組み立てることができるような人材
が求められている。

演 習 問 題

〔7.1〕　ウェブの検索サービスを利用して色々なキーワードで検索し，関連する
　　　　ウェブサイトがそれぞれいくつ存在するか確認せよ。
〔7.2〕　ウェブ（ブラウザ）で現在利用できるサービスやアプリケーションを列挙
　　　　せよ。また，それらのなかで，これまで自分のコンピュータにソフトウェ
　　　　アをインストールして利用していたものには何があるか？
〔7.3〕　インターネットやウェブによって情報が世界中に共有され影響を与えるよ
　　　　うになったことについて，従来のテレビや新聞などのメディアと比較して
　　　　違う点を，利点や決定を含めて議論せよ。

8章 持ち運ぶコンピュータ

◆ 本章のテーマ

インターネットの利用が一般的になり，通信や情報の取得がコンピュータの用途の大きな部分を占めるようになった。また，モバイルデバイスによって，場所や時間によらずにネットワークを利用することができるようになり，それによってサービスのあり方だけでなく，人の生活も大きな影響を受けることになった。さらには，スマートフォンやタブレット PC だけでなく，身につけるタイプのウェアラブルコンピュータによって，さらに新しい用途へと展開している。本章では，モバイルデバイスの登場によって起こった変化について扱う。

◆ 本章の構成（キーワード）

8.1 モバイルデバイス
　　　スマートフォン，タブレット PC，タッチスクリーン
8.2 モバイルデバイスがもたらす変化
　　　コミュニケーション，情報アクセス，情報発信，複数のコンピュータ
8.3 ウェアラブルコンピュータ
　　　センシング，パーソナライゼーション，フロントエンド
8.4 モバイルデバイスが生活に与える影響
　　　コミュニケーション，従来機能の拡張，新機能の利用

◆ 本章を学ぶと以下の内容をマスターできます

☞ モバイルデバイスがもたらした変化
☞ モバイルデバイスの関連技術
☞ ウェアラブルコンピュータとその利用
☞ モバイルデバイスによって人の生活にもたらされた影響

174   8. 持ち運ぶコンピュータ

8.1 モバイルデバイス

　技術の発展や個人用途の拡大による要請などから，コンピュータの発展の一つの方向として小型になっていく変化が観察される。**モバイルコンピュータ**はノート PC から始まった持ち運びのできるコンピュータを指すが，ここでは，そうしたなかでも，特に**モバイルデバイス**と呼ばれるスマートフォンやタブレット PC などについて見ていこう。また，さらに小型のウェアラブルコンピュータについても扱う。

8.1.1　スマートフォンの登場

　持ち運べるコンピュータとしてはノート PC が存在するが，携帯電話が大型の液晶ディスプレイを備え，タッチスクリーンによってより自由度の高い操作が可能となり，さらにインターネットに接続することができる**スマートフォン**へと進化すると，それらは電話というよりも高機能で携帯性の高いコンピュータという位置付けが強くなった。スマートフォンはその名のとおり，当初はよりスマートな（ディジタルで強化された）電話として現れたものであったが，インターネットへのアクセス機能を当初より備えており，多くのアプリを実行するプラットフォームへと進化し，多様なことができるデバイスとしていまやむしろ電話もできるデバイスという感覚に近くなったのではないかと考えられる。

　さらに画面の見やすさや操作性に重点を置いて電話機能を省いた，より画面の大きな**タブレット PC** も現れた。タブレット PC になると，特に情報へのアクセスに重点を置いた携帯性の高いコンピュータとしての位置付けが濃厚なものとなっている（**図** 8.1）。

図 8.1　タブレット PC

8.1.2　携帯性の高いコンピュータとしてのモバイルデバイス

　ノート PC は文字どおり「持ち運ぶことができる」コンピュータではあったが，使用するのは目的の場所に着いてからそこで使用するのが基本である．電車や飛行機内などでは移動中でも使用する場合があるが，基本的に座って PC を操作できる環境にあることが前提である．しかしながら，スマートフォンやタブレット PC は手で持って立ったままで使用することができるため，移動中に，より容易に利用することが可能となった．歩きながら使用する「歩きスマホ」が問題になっているくらいである．また，場所だけではなく，例えば食事中や会話中などでさえも使用ができる．スマートフォンでは，当初の携帯電話の機能である電話やメールの送受信といった使用方法だけに留まらず，これまで PC で行っていた一定の用途（通信，ウェブの閲覧，動画閲覧，音楽視聴等）について取って代わるようになっている．特に，さまざまなアプリが開発され，タッチスクリーンなどの特性を活かしたインタフェースによって，同じ用途のアプリでも PC と異なった操作性でより使いやすく提供されているようなものもある．

8.1.3　多機能が複合したデバイス

　スマートフォンは，電話，**ディジタルカメラ**，インターネット接続の装置，

176   8. 持ち運ぶコンピュータ

センサなど，従来別々の装置として存在したものが一つのデバイスとしてまとめられたものとなっている。かつては，携帯電話とディジタルカメラとノートPC をすべて持ち歩かなければ，同等の用途を利用することができなかったものが，現在ではスマートフォンを一つ持ち歩けばよいことになったのである。それに加えて多様な内蔵センサが付加されていることによって，新たにセンシングデバイスとしての機能も備えるようになった。

複数の用途の機器が一つにまとめられているということだけでも，携帯性を考えると非常に便利である。基本的なコミュニケーションツールとして，携帯しやすいという理由にも増して生活の必需品として携帯することがつねとなっていることから，カメラやインターネット接続の機能も同時につねに持ち歩くことになるのである。従来はカメラを忘れてしまい記録できなかったような場合でも，現在ではカメラも持っていることが常態化しており，そのため写真を撮るという行為の敷居が下がり，以前ではわざわざ撮らないような場面も撮影の対象となっている。

しかしながら，一つの装置になっている利点は，物理的に複数の機能が一つのまとまったデバイスとなっているため持ち運ぶのが便利であるということだけに留まらない。むしろ，物理的なまとまりよりも重要と思えるのは，個別の機能がコンピュータの機能としてたがいに連携し，それぞれの単独の機能より拡張された使い方や用途が提供されていることである。例えば，カメラで撮った画像をそのままメールやメッセージアプリなどで即座に共有するようなことは現在普通に行われている。ディジタルカメラ単体では画像を撮る機能に特化されたものであったが，スマートフォンの一つの機能としてカメラがあることで，撮った画像をさらに画像処理をしたり共有したりということがそのまま同じデバイスで行うことができる。また，音楽プレーヤとしては，そのデバイス上に音楽データがなくとも，ストリーミング方式でインターネット上にあるデータを聴くことができるサービスが現れた。ネットワークにつながっていることで，必要なものをすべて個々のデバイスに備えている必要もなくなるのである。

8.1 モバイルデバイス　　*177*

　このように，複数の機能が物理的に一つの筐体に押し込められているとい
う以上に，それらの機能が連携し，インターネットに接続することによって，
単独の機器であったときにはなかった用途が付加され新たな使い方を提示する
ことにつながっているのである。

8.1.4　タッチディスプレイによる操作

　モバイルデバイスと呼ばれるスマートフォンやタブレット PC は**タッチスク
リーン**と呼ばれるディスプレイを搭載しており，その表面に指でタッチするこ
とによってマウスと同じ操作が可能となっている。このことは，単にポイン
ティングの操作を指で行うように代わったということに留まらない変化をもた
らす。マウスによっては間接的に画面内の位置を示していた操作を，直接その
表示位置を指し示すことができるようになり，操作のわかりやすさは格段に向
上したといえるだろう。しかしながら，タッチスクリーンの導入によって変
わった操作性はそれだけではない。

　マウスでは，クリックやダブルクリックなどの操作や，アイテムを画面上で
引きずるようなドラッグといった操作が可能である。マウスではその装置の特
性として画面上の一点を指定して行う操作しかできなかったが，タッチスク
リーンでは指を使うことによって画面上の複数の点を指定することができる。
そのことを利用して，マウスではできなかった二点を拡げたり縮めたりするピ
ンチイン，ピンチアウトといったような操作が可能となった。例えば，表示さ
れた画像に対して親指と人差し指を当てて，指を開くようにすべらせるとそれ
に合わせて画像が拡大されるような操作である。また，同じく親指と人差し指
を画面に当てたまま回転するようになぞると，表示されている画像を回転させ
られるような操作も非常に直感的である。GUI においては，視覚的に現実の物
を模したデザインを用いてメタファを与えているが，タッチパネルにおいて直
接的に物を扱うようなこれらの操作は，コンピュータの操作に現実物に対する
動作とその結果のメタファを与え，操作をよりわかりやすいものにすることに
貢献している。

178   8. 持ち運ぶコンピュータ

8.1.5 その他のインタフェースの拡張

スマートフォンなどのモバイルデバイスには多様なセンサが備えられており，これらを利用することによって新たなインタフェースや用途が現れるようになった。例えば，加速度センサの利用によってデバイス全体を操作の手段として利用できるようになり，デバイス全体を傾けることによってゲームを操作するなどのインタフェースが導入されている。こうした方法は，アプリケーションによっては画面上をタッチするよりも，より直接的で直感的な操作を可能としている。

また，指で操作できることから，タッチスクリーンにキーボードを表示すると，キーボードと同じようにして入力することができる。ハードウェアとして実現するのとは異なり，画面ではデザインの変更が容易であるため，用途や入力方法によって好きなキー配置を提供することができる。また，キーボードに限らず，ハードウェアの制限によらずにそれぞれのアプリケーションに適したインタフェースを設計することができるという利点もある。

8.2 モバイルデバイスがもたらす変化

スマートフォンやタブレット PC はその携帯性が大きな特徴であるが，その役割は単純にそれまでのコンピュータを小型にしただけではない。もちろん，同じ用途に使用される部分も存在するが，つねに帯同して利用することを前提とした新しい用途の拡大も起きている。特に，インターネットの利用との関係性は重要な要素である。

8.2.1 変わるコンピュータの役割

スマートフォンは当初，携帯電話の発展したものであったため主要な機能は電話であったはずであるが，同時にインターネットへのアクセスも行うことが可能になったため，特にインターネットを利用するコンピュータとしての利用が顕著になった。また，**メール**，**メッセージ**，**SNS**，ニュース閲覧などのイン

ターネットを介して利用するものだけでなく，ゲームなどの独立したアプリ
や，ワープロ等のオフィス関連のソフトウェアも利用できるようになり，小型
のコンピュータとしての位置付けも持っている。ただし小型であることによる
操作性の制限から，デスクトップ PC やノート PC で行っている作業のすべて
を置き換えることに向いているわけではない。

　ところで，ありとあらゆる情報や多様なサービスがインターネット上で提供
されそれらの利用が日常のこととなると，そうしたサービスへのアクセスがコ
ンピュータの主要な用途の一つとなる。それまでコンピュータは，その装置の
情報処理能力を利用して作業を行う道具として使用されてきたが，インター
ネットを経由して他のコンピュータ，情報やサービスへ接続し利用するための
道具としての位置付けが非常に大きな用途として拡張されてきた。特に，場所
や時間を選ばずにインターネットへの接続を提供するモバイルデバイスの利用
においてその点は顕著である。

　一方で便利さだけではない側面も存在する。一番顕著なのは，歩きスマホと
呼ばれるような事例で，歩いている最中であろうとスマートフォンを使わずに
はいられないような状態の人が多く見られるようになっている。この状態がよ
り進み，自分の意思では制御できなくなる中毒や依存症の症状を呈している人
さえも現れている。モバイルデバイスの登場は，そのサイズによる携帯性の向
上によって，運びやすさや使いやすさを与えるだけに留まらず，人とコン
ピュータの関わりの多様な側面に大きな変化をもたらしているのである。

8.2.2　インターネットへの常時接続

　スマートフォンなどのモバイルデバイスがもたらした一番大きなコンピュー
タと人の関わりにおける変化は，インターネットへの常時接続であろう。すで
に，インターネットへ**常時接続**するサービス自体が存在することは述べた。し
かしながら，その場合でもインターネットを利用するためにはコンピュータの
装置の前にいることが必要であった。しかしながら，スマートフォンはつねに
持ち歩くことにより，いつでもネットワークへと接続できる手段を人に与える

180   8. 持ち運ぶコンピュータ

ことになった。それまでの PC ではコンピュータを利用している間だけインターネットへの接続が可能であったが，スマートフォンの登場によって，インターネット上のサービスを利用したくなったときにはほぼいつでも利用できるようになった。前章でインターネットを利用するしくみとしての常時接続について述べたが，モバイル PC の携帯性によって，時間や場所の観点からも常時接続が実現したことになる。この常時接続性によって，インターネット上のサービスとのインタラクティブ性（両方向性）がさらに高まり，そのことによって人の意識にも変化がもたらされることになる。

　インターネットにつねにアクセスすることが可能になると，インターネットを利用する用途やサービスの利用頻度がさらに高まることになった。電子メールも引き続き使用されているが，より会話的なインタラクションで情報交換が可能なメッセージと呼ばれるアプリが現れ，また SNS と呼ばれる従来の掲示板に代わるようなサービスも隆盛になり，通信や情報共有の用途が多く用いられるようにもなってきた。これらの使い方は従来の電話や PC からの電子メールの利用の仕方の延長といえるが，つねにデバイスを携帯していることで時間や状況に関わらず他の人と連絡がとれるようなコミュニケーション手段がもたらされた。そもそも備えていた電話機能によらずに，これらのような通信手段を利用する割合も増えている。

8.2.3　情報へのアクセス

　他の人との通信だけでなく，インターネットへの接続がいつでも確保されているという状態によって，ウェブ上のあらゆる情報やサービスにいつでもアクセスできるようになった。モバイルデバイスは小型であるため，単体ではサイズや性能的に限定される機能もあるが，インターネット上のサービスに接続することによって，できることが単体装置の性能に制限されなくなる。

　このような変化が与える影響は，個人としての場所や場面によらずに利用できる情報の質や量を変えるだけでなく，人々の間で情報が伝わる速度を大きく変えていくことになる。以前では，例えばテレビのニュースの時間や新聞の配

8.2 モバイルデバイスがもたらす変化　　*181*

達があるまで届かなかった事象が，いまではニュースサービスなどで瞬時に伝わる。また，世のなかで共有される情報の粒度も非常に細かくなった。例えば，以前であれば遠くの地方のどこかで起こった個人的な出来事などは知る由もなかったが，今日ではそれが外国の出来事であろうと瞬時に世界中で共有される。また，SNS などによって，それがあっという間に多くの人に拡散される。このように，情報がより早くより多くの人に拡散するようになり，世のなかの動きもそれに対応するように速くなる必要が出るなどの影響が起きているように見える。

　情報へのアクセスがどこでもいつでも可能であるという側面は，行動する際に事前に調べておくことの必要性を薄れさせるような影響も与えているだろう。例えば，外国などの知らない場所に旅行に行く場合でも，その場で地図や交通情報を取得できるために，事前に準備せずに移動することが可能になった。一方で，ローカルな情報が簡単に取得できることから，いままでは現地に行かなければわからなかったような情報を事前に細かく取得できるという側面もあるだろう。これらが及ぼす影響は個人の行動様式だけに留まらず，例えば，観光業界がどのように情報の発信をしていくかというような面にも及ぶことになる。こうした情報との接し方によって，人が社会を認識する意識も変わっていくと考えられる。例えば，以前であれば街を歩いていて食事をするときにはその場にある店から選んで入っていたが，現在ではインターネットで収集した情報から店を見つけて，そこにマップのアプリケーションで誘導されて向かうということが行われる。このことが示すのは，人が街を認識するのは，自分の足で動き，眼で見ている現実に留まらず，インターネットの情報によって拡張されたものを現実として受け入れているということである。

8.2.4　多様な内蔵センサの利用

　モバイルデバイスには多くのセンサ類が備えられている。例えば加速度センサ，ジャイロセンサや GPS などが代表的なものである。これらによって，デスクトップ PC やノート PC などとは異なる使用方法や機能の提供が可能とな

182   8. 持ち運ぶコンピュータ

る。例えば，加速度センサによってデバイスに与えられる振動を検知できることを利用して，他の人と一緒にスマートフォンを振るとアドレスを交換できるような使い方が実現されている。また，GPS を使用すると，スマートフォンをつねに携帯していることを利用して人の位置を特定することができる。このことをさらに利用すると，その人がいる地域の情報と合わせたさまざまなサービスをリアルタイムに提供することを実現することができる。単純な例では，自分の現在地を地図上に表示することや，そこから目的地までの道筋をガイドするような使い方である。また，その人が現在いる場所の近隣の店の情報の提供を行うようなことも行われる。これらの例のように，モバイルデバイスに内蔵されたセンサによってより詳細にその利用者の状態を把握することが可能になり，その情報を利用することで，多様なサービスからユーザ自身が自分に必要なものを選び使用するような従来のアプローチから，サービス側から個々の人に合ったものを自動的に判断して提供することが可能となった。

8.3　ウェアラブルコンピュータ

ウェアラブルコンピュータというのは，モバイルデバイスまで至る携帯性をさらに進めて，身につけるようなサイズと形態を持つものであり，スマートウォッチと呼ばれる腕時計型や，メガネ型などが代表的なものとして挙げられる。サイズだけを見るならば，従来のコンピュータの小型化をさらに進めたものと見ることができるかもしれない。ただし，「手で持つ」ものから時計やメガネなど通常身につける道具の形にコンピュータを組み込んだという点で，単純に小型にしたわけではない。本節では，ウェアラブルコンピュータとその用途について述べる。

8.3.1　さらなる携帯性の追求

ウェアラブルコンピュータは，その研究の当初においてはできるだけコンピュータの筐体を小型化し，入出力のインタフェースを通常のキーボードやマ

ウスではなく,グローブやHMDなどを利用して,とにかく身につけられるようにしてみようという感じのものであった.このような研究当初においては,小型化の追求が目的というよりも,コンピュータを身につけて歩きまわることによってどのようなことが可能になるのかを検証することが目標であり,装置は身につけようと思えば身につけられる(ウェアラブル)という程度であった.したがって,機能としては普通のPCと似たものであったといえよう.

その後,技術の進歩に従ってさまざまなデバイスが小型化されるようになり(図8.2),現在のウェアラブルコンピュータは,フル機能のコンピュータを身につけて持ち歩くのとは異なった趣旨になっている.これは,操作することのできるコンピュータとしてモバイルデバイスが普及したことが大きな要因だろう.今日のウェアラブルコンピュータは,コンピュータを身につけて持ち運ぶという意識より,身につけているものをコンピュータ化し,つねに持ち歩いているモバイルデバイスを補完する機能としての位置付けのものといえる.ウェアラブルコンピュータは,モバイルデバイスまでのコンピュータが,サイズは小さくなっていったとしてもそれぞれ単独で利用することがおもに想定されていたのに対して,他のデバイスをサポートするような用途であったり,他のデバイスと連携して補完するような位置付けであったりするものが多い.特に,センサ機能を内蔵していて,そのデータを他のコンピュータで収集するような用途のデバイスが多く提供されている.以下でそうした側面について述べる.

図8.2 ウェアラブル(身につけられる)コンピュータ
(Self-portraits of Mann with "Digital Eye Glass": AngelineStewart[19])

8.3.2　生活を監視するモニタ

　ウェアラブルコンピュータは身につけているものという特性から，より直接体の動きと直結している。そのため，さまざまなセンサを内蔵させて，体の状態のデータをリアルタイムに収集する目的のものが多くデザインされている。用途の多くは運動や健康管理のために，体の動きや調子のデータを収集するものが多い。例えば，腕や靴などにつけることによって走った距離や時間を記録するものや，脈拍や血圧などの情報を感知することで，健康状態をモニタするようなものがある。自身の生活をディジタルデータとして保存していく**ライフログ**（Life Log）のために，自身の身体的な活動を自動的に記録するデバイスとして活用される。

　ウェアラブルコンピュータには，センサとしての機能と，それらのデータを集積して分析するアプリケーションへと送信する機能が備えられているが，データをまとめて加工しユーザに提示するのは外部のデバイスとアプリケーションにまかせていることが多い。例えばShine（Misfit Wearables 社）は，人が直接操作するようなインタフェース類はまったく取り除かれ，センサ，データ収集と通信機能を小さくパッケージし，身につけるのに自然なデザインとしてまとめられている。ほかにもこのようなものが多く現れている。こうしたデバイスで収集したデータは，スマートフォンのアプリに送られ，そこで可視化された情報としてユーザに提示されるのである。

8.3.3　フロントエンドのインタフェース

　スマートウォッチは小さいながらもタッチスクリーンを持ち，単独のアプリを実行することもできるようになっていて，スマートフォンなどのモバイルデバイスをさらに小型化したものとして考えられる要素もあるかもしれない。しかしながら，スマートウォッチの便利な用途は，同時に携帯するスマートフォンなどの情報を表示したり，簡単な操作を行うなどの**フロントエンド**のインタフェースとしての役割が大きい。例えば，メールを受信したときに，スマート

フォンにメールが届くと同時にスマートウォッチが振動して受信を知らせ，その画面でメールを読める機能がある．また，メッセージやSNSについてもその受信が表示される．スマートウォッチはつねに腕につけているのですぐにメッセージを確認することができる．したがって，メッセージの受信のたびにスマートフォンを取り出す必要がなくなり，スマートウォッチで確認して必要のある場合にだけスマートフォンで対応すればよいという使い方ができるようになる．この場合は，ウェアラブルデバイスはスマートフォンの出力インタフェースの一部を別のデバイスとして用意し，よりアクセス性の高い使用感を提供するものと見なすことができる．同じくメガネ型のものは，レンズ部分にディスプレイ内容を表示することで，連携するコンピュータ（モバイル）の出力装置としての役割を果たす．

　これらの例ではウェアラブルデバイスは他のコンピュータの入出力のインタフェース（フロントエンド）として作用しているといえる（図8.3）．それらは特定の用途に関して，コンピュータなどの大型のデバイスを操作するよりもより簡単な操作感を提供するのである．このように，独立した機能を担うだけでなく，他のコンピュータ機器を補完するような利用方法が，ウェアラブルコンピュータの用途の一つとして大きな位置を占めるものである．

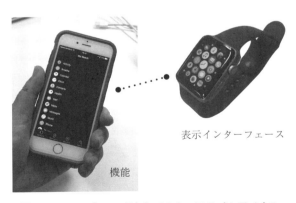

図8.3　フロントエンドとしてのウェアラブルデバイス

186   8. 持ち運ぶコンピュータ

8.4 モバイルデバイスが生活に与える影響

　本節では，スマートフォンやタブレット PC などのモバイルデバイスと，ウェアラブルコンピュータなどの携帯性の高いデバイスの使用が，どのように生活に影響を与えるかを考察する。

8.4.1 使用の頻度

　スマートフォンやタブレット PC などの利用は，インターネットの結びつきによってライフスタイルへ影響を与えるような変化をもたらした。装置としての**モバイルデバイス**は，単純にそのサイズの小ささによって，それまでのノート PC に比べてもはるかに携帯性が向上した。また，タッチスクリーンや音声などの新しいユーザインタフェースは，キーボードなど，インタフェース専用の機器を別途用意する必要をなくした。こうしたことが変化を与えた大きな要因であるが，それに加えて，アプリケーションを利用するまでの時間の短縮も見逃せない点である。それまでの PC は，電源がオフの状態からコンピュータを起動し，アプリケーションを利用するまでに，それぞれ数十秒から数分待つものが多かった。スマートフォン等のモバイルデバイスはつねに電源がオンとなっており，使用していないときはスリープ状態ではあるが，ボタンを押すと即座に使用できる状態となり起動までの時間を待つ必要がない。このことが装置を使用するための面倒さをなくしており，頻繁に取り出して使用することを可能とした。サイズによる携帯性，個人ごとの所有，即時に使用できる簡便さが，モバイルデバイスにつねに接触して利用することを可能とし，つねに操作することへの心理的な敷居を低くしたといえるだろう。

　また，モバイルデバイスは単なるコンピュータではなく，カメラ，電話，音楽プレーヤなど，これまで複数の装置で提供されていた機能を 1 台の装置として実現している。コンピュータとしての利用だけではなく，それらの装置としての利用も含めると非常に多くの利用の動機があることになり，このこともこれらのデバイスを常時使用するようになる要因にもなっている。

8.4.2 利用の簡便化

モバイルデバイスの携帯性は，コンピュータの利用を二つの点でより便利なものとしたといえるだろう。どこででもコンピュータの機能にアクセスできるようになったこと，多くの人が個人用途のデバイスを所有するようになったことである。

これまですでに可能であった機能や用途であっても，どこででも使いたいと思ったときに使うことができるようになると，その便利さは大きく異なってくる。例えば，コンピュータでメモをとったり電子メールを出したりすることは，機能自体が便利であっても，これまではコンピュータが置いてある場所に戻らなければ利用できなかったし，何名かで共有する場合もあったことに比べると，モバイルデバイスは個人ごとに所有しているために利用に場所や時間の制限がない。それによって，機能としては従来と同じものであっても，異なる使い方がされるようになったものも観察される。例えば，画像処理のアプリケーションは従来，画像を修正したり加工したりして作品として創り上げるような作業としておもに利用されてきた。スマートフォンなどにおいても画像の修正や調整などにも使用されるが，プリクラのように加工したり画像の上にメッセージを載せたりすることを簡単にできるような使い方がされている。また，動画編集も，スマートフォンで撮った動画にそのまま編集を加えてSNSで共有するようなことが行われている。従来は，性能の非常に高い機種でなければ動作が難しく，プロの映像編集などの用途に利用されることが多かった機能である。デバイス自体の使い勝手の敷居の低さに合わせて，従来利用されていた高度な処理も手軽な用途へと変更されて提供されるものが増えてきたのである。

8.4.3 新たな用途の実現

モバイルデバイスによっては，元からあるものが便利に簡単に利用できるようになっただけではなく，新たな用途ももたらされている。

まず，デバイスがカメラや電話など，従来個別の装置として実現されていた

188　　8. 持ち運ぶコンピュータ

機能が1台になったことで，それらの機能を複合した利用が提供されるように
なった。例えば，カメラ単独では主たる機能は写真を撮ることであった。画像
にフィルタを設定することや，高速度撮影や一定間隔で写真を撮る機能など，
写真撮影に関しての多様な機能はあったものの，基本的にそれは写真を撮るた
めに特化した装置であった。しかしながら，カメラがスマートフォンやタブ
レットPCなどに組み込まれたことによって，単にモバイルデバイスで写真も
撮影できるようになったということ以上の利用が可能になったのである。例え
ば，撮影した写真に画像処理や文字などを加える加工を行い，さらにそのまま
SNSなどで共有するということは，これまではカメラで撮影した画像をPCに
転送して行っていたが，1台のデバイスですべて行えるようになったのであ
る。こうした，複合した機能が1台にまとめられたことによる利用方法の拡大
は音楽を聴くことについても起こっている（希望の曲をネットワークから聴き
たいときに取り出すことや，多くの人のデータから好みの曲を推薦する機能な
ど）。また，常時携帯していることから，コミュニケーションのための機能が
発展し，電話やメールだけでなく，複数の人数で会議のような文章のやりとり
が可能なメッセージングと呼ばれるアプリや，音声だけでなく映像でたがいを
見ながら会話できるものなど，多様な手段が提供されるようになっている。

　こうした従来でも利用できた機能の発展だけでなく，GPSや内蔵のセンサ
を利用することによって，これまでにはなかった用途ももたらされるように
なった。現在位置がわかることを利用して，家族や友人の居場所を確認するこ
とや，付近に雨が近づいてくると自動的に通知が来るような利用の仕方は，モ
バイルデバイスがつねに携帯されていることによって実現した用途であるとい
えるだろう。また，デバイスを夜空に向ける方向によって，そこに見えるはず
の星図を表示するものなども，手に持って自由に位置を変えることができるこ
とと，内蔵された加速度センサやジャイロセンサの利用によって実現されるも
のである。

8.4.4 ライフスタイルへの影響

コンピュータの進化に伴ってその都度用途が拡大してきたが，モバイルデバイスによる変化は，個人が場所と時間を問わずに生活のかなりの時間を接するようになったため，より多くの人の行動や意識に影響を与えている。使用する機会が増えたことによって，その影響も生活のさまざまな局面に及ぶようになった。特に大きな影響を与えることになった**モバイルデバイス**の特徴として以下のような項目が挙げられるだろう。

1. つねにネットワークにアクセスして情報を得られること
2. いつでも他の人とコミュニケーションを取ることができること
3. PC と同じ機能を場所によらずに利用できること
4. 取り出してすぐに利用できること
5. 電話やカメラを使用できること

こうしたことが威力を発揮する例として，待合せや知らない場所への移動が挙げられる。従来は，待合せの場所や時間を事前に決めることしかできなかったため，遅刻をしたり場所を間違えたりして落ち合えないことが起こった。駅などでは公共のアナウンスを通じて連絡することもあったが，多くの場合，お互いが外に居る状態では連絡が取れないことが普通であった。携帯電話の登場によってそれが大きく変わったが，スマートフォンによって，さらに多様な連絡方法やたがいの位置を確認するようなことも可能になり，待合せに対する意識は大きく変わったといえるだろう。また，仕事や旅行などで知らない場所に向かうような場合にも，事前に経路や位置を調べておくような準備は，必要なときに情報が得られる現在では必要性が非常に低くなったといえる。

SNS などで，食事をしたことや，ちょっとした出来事などを頻繁に画像付きで発信するようなことは，カメラとインターネット接続の連携が非常に簡単にできるようになったことが影響している。それまでにも，ブログで自分自身の行動や考えをインターネット上に公開するということは行われていたが，コンテンツの準備がこれほど手軽になったのはモバイルデバイスがきっかけとなっている面があるだろう。

190   8. 持ち運ぶコンピュータ

　従来の「コンピュータを使う」ということは，特に初期の頃ではそうであったが，特別なことを，その処理のための設定や準備などを専門知識のある人間が用意して使用するものであった。個人でPCを所有し，ゲームやウェブの閲覧など，個人的な用途で使用するようになっても，PCの前に座って電源を入れて使用するということには，これからコンピュータを使うのだという明示的な意識があっただろう。現在では，あまりにも頻繁に触れているために，それを「使っている」という感覚もないくらいになっているかもしれない。機能も含めて使用に対するこのような気軽さは，利用する面では非常に使いやすく簡単になったという利点となるが，非常に多くのことを一つの機械に依存しすぎていることは，それがなければ何もできないという危うい点も含んでいる。また，つねに使うということがエスカレートして，歩いているときや，自転車や車に乗りながらでも画面をずっと見ているという問題点はニュースなどにも多く取り上げられており，事故にもつながっている。そうしたことが進んで，特に用事がなくてもつねにスマートフォンに触っていないと我慢できなくなる中毒症状になる人まで現れている。従来のように使用する特定の時間や業務に対してのみコンピュータを使うのではなく生活の一部として入り込むようになったため，機能不足や使いにくさといったコンピュータ自体の問題から，使用する人の側に課題点の多くが見られるようになったように観察される。一方で，音声入力や人工知能，ARやVRなどもスマートフォンでの利用が進められており，コンピュータが提供する機能はひたすら進歩している。ここまではコンピュータの使いやすさを追求し，利用できる用途の拡大が図られてきていたが，依存しすぎになっているような現状において，どのようなコンピュータのあり方が望ましいのかを考えることは，今後の重要な課題である。

演　習　問　題

〔**8.1**〕　本章で取り上げた音楽を聴く行為のような，技術的な進歩と，それが人の行動様式や意識へ与えた変化について，具体的な分野を設定して議論しなさい。(食事，交通（移動）手段，…など)

〔**8.2**〕　よく利用しているアプリをいくつか例にとり，つねに携帯していることとインターネットに接続していることは，そうでなかった場合と比べるとどのような違いがあるか考察せよ。

〔**8.3**〕　同じコンテンツでも，PC で利用する場合よりもモバイルデバイスで利用できることで便利さが増すような例としてどのようなものが挙げられるか？

〔**8.4**〕　30 年前にはなかった機能で，現在普通に利用されているものを調べなさい。また，それがなかったときに，そのような用途を実現するためにはどうしていただろうか？

9章 生活を変えるコンピュータ

◆本章のテーマ

　ここまでの章で，コンピュータと人の関わりについて多面的に見てきた。本章では，コンピュータの発展の流れと，それによって何が実現されたのかを確認する。また，今後のコンピュータの利用について，どのような方向への発展が考えられるのか，ユビキタスコンピューティングという概念を例にとり考察し，人とコンピュータの将来のビジョンや課題を取り上げる。

◆本章の構成（キーワード）

9.1　コンピュータの発展の流れ
　　　　小型化，高性能化，実世界，AI（人工知能）
9.2　複数のコンピュータの利用
　　　　クラウド，ウェアラブル，IoT，ビッグデータ
9.3　環境と一体化するコンピュータ
　　　　ユビキタス，ユビキタスとモバイル，環境
9.4　人とコンピュータの未来
　　　　SF，ビジョンの提示，将来への課題

◆本章を学ぶと以下の内容をマスターできます

☞　コンピュータのさまざまな発展の方向性とその意味
☞　複数のコンピュータの利用と，それにより起こること
☞　環境としてコンピュータの機能を利用するという考え方
☞　将来の人とコンピュータのあり方についてどのように考えるか

9.1 コンピュータの発展の流れ

ここまで、コンピュータの利用について多様な側面を見てきたが、本節ではコンピュータの変遷を複数の視点からまとめる。コンピュータを利用することについて起こった変化は一つの方向だけの単純なものではない。本節では四つの異なる視点を設定して議論するが、それぞれが独立した事象ではなく、それぞれの変化はたがいに影響を及ぼしている複合的なものである。

9.1.1 装置としてのコンピュータの進化

技術の進歩によりコンピュータに大きく分けて二つの方向の進化が起こった。一つは8章でも述べたように**小型化**に進む方向である。もう一つは、コンピュータの性能を追求する**高性能化**の方向である（**図 9.1**）。初期のメインフレームから始まって技術の進歩によってコンピュータの装置としての大きさを小さくすることが可能となってきたが、低価格化とも合わせて個人用途への拡がりが起こり、さらにコンピュータを持ち運ぶことへの要求などによって、より小型化を追求することが推し進められた。ノート PC が現れ、さらにどんどん軽量化されていったが、タブレット PC やスマートフォンの登場によって、人が操作するコンピュータのサイズはつねに携帯できるようにまでになった。

一方、コンピュータによって高速に演算処理を行うことを追求する方向への

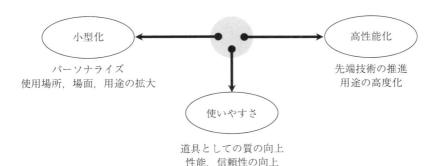

図 9.1　技術の進歩によるコンピュータの変遷

194   9. 生活を変えるコンピュータ

進展もある。科学的や工学的な用途としての能力に特化して高速な数値計算の処理能力を追求した**スーパーコンピュータ**は，その時代における最も高速に処理を行うコンピュータを指す。スーパーコンピュータは最高の処理速度を誇るが，同時に，そのサイズは体育館よりも広い面積を占めるくらい巨大なものであり，発生する熱を抑えるための空調設備の必要なども合わせて非常に高価なものである。また，その利用については，並列化という特殊な知識によってプログラムを用意する必要があり，高度な専門知識が必要である。高速な処理が必要な用途としては，科学計算だけでなく，人工知能（AI）システムや，インターネットとウェブの登場によって欠かせないものとなったウェブの情報検索システムなどがある。これらはいずれも高速な処理能力や大規模なデータ容量など，小型化や個人用途の追求とは対極の発展の方向を辿っているものである。

このようなハードウェア面における，それぞれ反対ともいえる方向の進歩と同時に，コンピュータの操作面での進歩もあった。当初は，専門家だけが使用するようなものであり，一番初期には処理を設定するのに物理的にケーブル線を結び直すようなことを行っていた。現在では，さまざまな用途を実現するソフトウェアがアプリケーションという形で提供され，それを利用することで，自らプログラムを組むことなしにコンピュータを利用することができる。また，プログラムを組んでアプリケーションを自分自身で作成するためにもわかりやすくて便利な開発環境が用意されるようになり，プログラムを組むという行為も以前に比べて敷居が低いものとなっている。スマートフォン用のアプリなどは，一般の人が開発したものが多く利用されている。

9.1.2 ネットワークによる変化

コンピュータの使用における変化として，**インターネット**の登場は非常に大きな影響を与えた。インターネットの登場まではコンピュータは単体として利用するものであり，コンピュータが単体で処理できるような用途のために用いられた。例えば，表計算やワードプロセッサなどを利用することであったり，

ゲームをしたり動画を見るようなことである。

　しかしながら，インターネットが登場したことによってコンピュータがたがいに接続すると，複数のコンピュータの間で情報を送信することが可能になったことで新たな用途が生まれることになった（**図9.2**）。なかでも，メールに代表されるような通信用途と，ウェブの発明によって起こった情報の発信と共有，さらに進んでサービスのネットワークを経由した提供などが大きな変化である。また，ゲームや動画なども，ネットワークで他のコンピュータとつなぐことによって使用方法が変化した。ゲームは異なる場所に居る人達と対戦したり一緒に行ったりすることが一般的なものとなり，一人でコンピュータと対峙するものから拡張された。動画も，ネットワーク上で探し出し見たいときに見ることが普通となった。

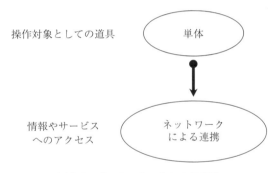

図 9.2　インターネットによる変化

9.1.3　コンピュータの利用形態の変化

　コンピュータをどのように利用するかという面から考えてみると，当初はコンピュータの機能を利用するのは，「コンピュータという装置」の操作を行うことであった。コンピュータの装置としては，コンピュータの本体以外に，入力装置としてのキーボードやマウス，出力装置としてのディスプレイがあり，それらを利用することによって操作を行った。ノートPCの登場によりそれらは一つの装置としてまとまり，モバイルデバイスによってさらに装置と操作が一体化したが，いずれにせよ，一つの装置に相対して操作する利用形態には変

わりがないといえる。

　しかし，まだ実用化は途上であるものの，ARやTUIに代表されるような研究により，現実の生活のなかにあるさまざまな「モノ」を利用する行為や，見るという何げない行為がコンピュータの機能を利用するインタフェースとなるようなアプローチが試みられている。これは，コンピュータが専門的な目的や業務などの用途に用いられたことから，より多様な用途や局面で利用されるようになったことで，より人に自然なコンピュータの機能の使い方を追求するなかで出てきた考え方である。とはいっても，コンピュータの使い方が，すべてそのようなインタフェースによるものに変化しているという意味ではない。拡張された用途の一部として，人が普段行っている行為をコンピュータがサポートするような使い方が考えられるようになり，それらに対してより自然なインタフェースを提案しようとするものである。こうした使用形態が増えるにつれて，このようなアプローチの重要性が認識されるようになっていくと思われる。

　ここでの変化は図9.3のように表現することができるだろう。従来は人が装置としてコンピュータの操作を行い使用した。それに対してここで述べたような，生活のさまざまな局面でコンピュータの機能を利用するアプローチは，人が関わるモノや場面に対してコンピュータが機能の付与を行い，それらが人の

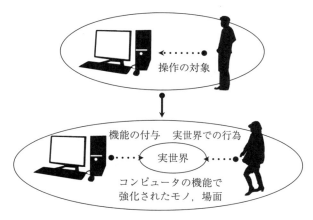

図9.3　コンピュータ利用の方法の変遷

行為に勝手に反応するような構図である。そうしたことが実現したときには，操作のためのインタフェースが利用されないため，あたかもコンピュータが存在しないように感じられる，ディジタル機能と一体化した生活環境が実現されるだろう。

9.1.4　コンピュータの役割の変化

　当初はユーザがコンピュータにさせたい内容をプログラムとして記述し，それを実行させた。ユーザはプログラムを書くことでコンピュータが行う処理のすべてを指定する必要があった。このときのコンピュータの役割は，指定された作業を忠実に，ひたすら高速かつ大量に処理することであった。

　つぎに，現在でもコンピュータの使用の主流であるが，コンピュータを用いる仕事はさまざまなアプリケーションを操作することによって行われるようになった。この場合は，コンピュータの役割はアプリケーションを実行することである。人はコンピュータの操作としてほとんどの場合，コンピュータで実行されているアプリケーションを操作しているのである。

　さらに，今後はコンピュータに問いかけるとそれに対して解答してくれるようになることが期待される。現在，**人工知能（AI）** と呼ばれるものが徐々に使用されるようになっている。かつての人工知能の研究では**エキスパートシステム**というものが盛んであった。これは，知識のデータベースに基づいて特定の問題領域において解決を与えるものであったが，専門家の知識データが必要であり，応用分野が医療やシステム制御など限定的であったことで一般のユーザの用途に利用されるようなものにはならなかった。現在行われている人工知能のアプローチは，**深層学習（ディープラーニング）** と呼ばれる**ニューラルネットワーク**技術を基にしたものが盛んになっており，その適用分野も，画像認識や音声認識から，車の自動運転，囲碁など広範なものとなっている。また，音声認識の利用と合わせて，操作を補助するエージェントや自動翻訳などスマートフォンのアプリとして利用できるものも現れている。こうなった場合のコンピュータの役割は，人に代わって作業を実行してくれるものとなる。そ

れまでは，結果を得るためにアプリケーションで一つひとつの作業を人間が行う必要があったが，与えられた指示から AI が具体的な作業を判断して実行し，結果だけを伝えてくれるのである。ただし，コンピュータは頼まれたことを行うだけであるから，人はコンピュータに与える問を設定し，コンピュータから得られた答えから決定を行い考察するようなより高度な知的行為を行うことが役割になる。

このような変化をまとめて眺めてみると，コンピュータの位置付けは，使用に必要な操作や設定を与えるとそのとおりに動作する機械としての存在から，さまざまなアプリーケーションを実行するためのプラットフォームへと変化し，今後は，人の代わりに必要な作業を行うものへと変化しているととらえることができる（**図 9.4**）。

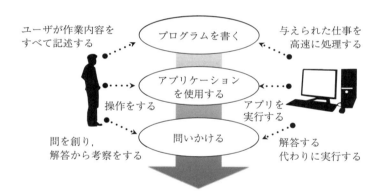

図 9.4 コンピュータの役割と人の関わり

9.2　複数のコンピュータの利用

コンピュータの利用はこれまで複数人で 1 台を共有して利用することから，1 台を一人が使用するようになり，ノート PC やスマートフォンなどの登場もあって，現在ではさらに一人で複数持つようなことも多く見られるようになっている。そうした変化からも，コンピュータが特別なことに利用する特殊な装置という位置付けから，日常のあらゆる局面で利用する道具と変化したことを

感じることができる。本節では，人が日常で多くのコンピュータに関わるようになったときの状況や関連の技術について述べる。

9.2.1 使い分けるコンピュータ

ノート PC やモバイルデバイスの登場によって，一人が複数のコンピュータ機器を所有し使い分けることが珍しいことではなくなってきた。例えば，仕事場や学校ではデスクトップ PC を使用し，家庭や持ち運び用にはノート PC，ちょっとしたウェブの閲覧やアプリの利用ではタブレット PC を利用するというようなことである。また，スマートフォンは電話やカメラとしてもつねに携帯しているのが普通になってきているし，なかには時計型や腕輪型などのウェアラブル PC を利用している人もいるだろう（図 9.5）。異なった形態のコンピュータは，状況や用途に合ったものがその場ごとに使用されることが普通であるが，なかには同じ作業を移動した場所のコンピュータで継続して行いたいという場合もある。

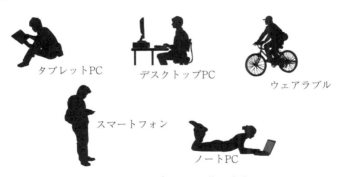

図 9.5 コンピュータの使い分け

そうした状況で問題となるのはデータの共有である。例えば，仕事場の PC で行っていた作業を，自分の PC で続きを行い，また次の日には元に戻して作業を続けたいというような場合に同じファイルを連続して使いたいということが起こる。せいぜい二つの PC を使い分けているだけであれば，ファイルを USB メモリなどで受け渡しをすればよかったが，ファイルを共有すべきコン

200　　9. 生活を変えるコンピュータ

ピュータの環境が三つや四つになってくると，手動でそれを繰り返すのは大変面倒な作業となる。また，どれが最新のものか混乱してしまうことが起こり得る。複数のコンピュータ環境が，それぞれまったく異なる用途に利用されるのであれば問題はないが，完全に用途を分けて使用することは難しい。したがって，複数のコンピュータにおいて，ファイルやデータを同じ状態で共有するということが一つの課題である。課題となるのはファイルの共有だけではない。現在まで，多くのコンピュータではアプリケーションと呼ばれるソフトウェアをインストールすることによって使用することが大半である。したがって，特定の作業を複数のコンピュータで継続して行うためには，それに対応したアプリケーションが，利用するコンピュータのすべてにインストールされていなければならない。つまり，ファイルだけでなくそれを利用する実行環境も同じものが用意されている必要があるということである。このように，複数のコンピュータの利用では，使用するデータと，使用する環境の両方についての配慮が必要であるが，それを手動で行うのは大変なことである。以下に述べるクラウドコンピューティングがそれに対する一つの解決を与えている。

9.2.2　クラウドコンピューティング

　クラウドコンピューティングとは，コンピュータが提供するサービスを，ネットワークを経由して利用するしくみの一つである。例えば，ワードプロセッサや表計算など，コンピュータで利用するアプリケーションは，利用するコンピュータ自体にインストールすることによって使用するのが通常である。クラウドコンピューティングを利用することで，コンピュータにインストールされていなくても，ネットワークで提供されているサービスとしてアプリケーションを利用し，同じように文章ファイルを作成したり，表計算を行ったりすることができるのである。クラウドが提供するサービスのレベルによって，**SaaS**（software as a service），**PaaS**（platform as a service），**IaaS**（infrastructure as a service）と呼ばれる内容の違いがあるが，いずれにせよ，これまで単体ですべてを賄う必要があったコンピュータ資源を，ネットワーク

を経由して必要なときにどこからでも利用できるようになるというものであることは共通している。

　クラウドとしてユーザやコンピュータがアクセスするのは、単独のコンピュータではなく、多くの場合、複数のコンピュータやストレージ装置などが複合して一つのシステムのように**仮想化**されたものである（**図9.6**）。ただし、ユーザがクラウドを形成しているそれぞれのコンピュータやストレージ装置の存在を意識することはない。使う側からは、あくまでも使用するサービスが認識されれば充分であり、それを構成している個々のコンピュータに直接アクセスする必要はない。実体として複数のハードウェアが複合されたものであっても、仮想化と呼ばれる技術によって、使用の面から見ると一つのサービスとして認識されるように設計しているのである。

図 9.6　クラウドコンピューティングのイメージ

　クラウドコンピューティングを利用する利点は何だろうか？企業などにとっては、コンピュータの管理などの手間を外部に任せることができて、その機能だけを利用できることは手間と費用の面からも有利であるという理由がある。しかし、複数のコンピュータを使用するような状況になった一般的なユーザにとっての利点は、どこからでもアクセスすることができるネットワーク上に必要なコンピュータの資源があることである。そのことによって、異なったコンピュータに利用を切り替えても、ファイルの移し替えを行わなくても内容や作業を継続して行うことができるようになった。これまでは、異なるコンピュータで同じ作業をするためには、それぞれに同じOSをセットアップし、同じソ

202   9. 生活を変えるコンピュータ

フトウェアをインストールし，データをコピーし共有する作業が必要であっ
た。現在では，仕事場と自宅，さらにはつねに携帯するモバイルデバイスと，
複数のコンピュータを利用することが普通のこととなっており，クラウドのよ
うなしくみが便利さを発揮するような状況であるといえるだろう。また，使用
するコンピュータの環境の違いに影響されないように，ワードプロセッサや表
計算などのアプリケーションもウェブブラウザによって利用できるサービスが
提供されるようになった。

　スマートフォンの利用において，クラウドのようなしくみを利用することに
は，大きく分けて以下のような二つの利点がある。

1. データやアプリケーションなどの資源を一つの装置に詰め込むのではな
く，外部に置いておき，必要なときに利用することができる
2. 職場の PC と家庭の PC，持ち運び用のノート PC と携帯用のスマート
フォンやタブレット PC などと，複数のデバイスで共通の作業内容を共
有することができる

これらの利点によって，性能的にはデスクトップ PC やノート PC に劣るス
マートフォンやタブレット PC によっても，同等の作業を移動中にも継続して
行うことが可能となるのである。こうした環境が整うことによって，コン
ピュータはインターネット上のさまざまなサービスにアクセスするためのツー
ルとしての位置付けがさらに強いものとなる。

9.2.3　IoT（モノのインターネット）

　インターネットとウェブによって，コンピュータ上の情報やサービス，さら
にはそれらを通して人をつなぐことが実現された。今日ではほとんどのコン
ピュータがインターネットを介して情報のやりとりができるようになったとい
えるだろう。それをさまざまな「モノ」についてまで拡張しようという概念が
IoT（internet of things）である。モノのインターネットと呼ばれるこの概念
は，コンピュータ以外のさまざまなものもインターネットで連携し，その状態
を知ったり制御したりできるようにしようとするアイデアである。例えば，服

や靴などがインターネットに接続したとすれば，個人個人が着用した履歴情報などを集めて毎日のコーディネートを推薦するしくみを作ることができるかもしれない。もしくは，食品がインターネットにつながるしくみが備えられていれば，冷蔵庫の在庫から買い物すべき食材を適宜教えてくれて，購入しているものから可能なレシピを提示するということも可能だろう。このように，さまざまなモノが連携するようになり，それらが自動的に反応して有益な情報や機能を提供することで，生活のさまざまな局面をより便利にするサービスを考えることができるだろう。

　機械類に備えられたコンピュータ間で情報をやりとりして処理を行うことはこれまでにも工場の制御などで行われてきているが，IoT はより広範なモノを対象として含み，そうした連携のしくみを使って新しい価値やサービスを創り出すことを目指したものである。

9.2.4　ビッグデータ

　モバイルやウェアラブルコンピュータといったセンサを内蔵したデバイスや，さらには IoT などの利用形態が進むことによってさらに大量の情報が生み出されるようになる。現在においても，インターネット上のウェブページや SNS による発信，あらゆるセンサや監視カメラ，電子的な改札システムなど，莫大な情報が日々生産されている。このようなデータは多くのものがバラバラに存在していたが，クラウドなどのシステムの導入により，一つに管理されて所有されるようにもなってきた。そのため，そうしたデータが持つ情報を有効に利用したいという要求も出てくるようになった。

　こうしたデータは内容や形式としては整理されていない非定型なものであり，かつデータ全体のサイズも非常に大きなもので，そのままでは有用なデータとして使用することが難しい。またリアルタイムに刻々と生み出されて内容も変化していく。このようなデータを**ビッグデータ**と呼び，そこから有用な知見を見つけ出そうとする試みがなされるようになってきたのである。通常，企業などで扱われているデータは，用途が決まっていて，あらかじめデータの項

目が設定されデータベースに格納されている構造的なものである。そのため利用は簡単だが，あらかじめ想定していない新たな発見はあまり期待できない。ビッグデータはあらかじめ用途を決めて収集したものではないが，これらを探ることによって新たな発見が得られることが期待されるようになった。ビッグデータと呼ばれるものは，データの検索などの再利用を想定したものではないものが多いため，それらを有効に利用するためにはデータの加工や整理のうえでデータベース化するなどの処理が必要である。また，そのなかから有用な情報を見つけ出すには，分析やデータの組合せなどから新しい発見を感じ取れるセンスのような特別なスキルを持つデータサイエンティストと呼ばれる人材が求められている。

9.3　環境と一体化するコンピュータ

さまざまな形態のコンピュータを複数使用することが普通のこととなり，いつでもどこでもコンピュータを利用する状況になった。また，人が携帯したり利用したりしているものだけではなく，街なかでもサイネージや自動販売機など，さまざまな場所でコンピュータが使用されるようになり，コンピュータが日常のあちらこちらに存在している。一方では，AR やタンジブルコンピューティングなどの新しいコンピュータとの関わり方を示唆するような試みが行われている。そうした背景から今後のコンピュータのあり方の一つとして，環境化されるコンピュータということを考えてみよう。

9.3.1　ユビキタスコンピューティング

ユビキタスコンピューティングという概念はゼロックスのパロアルト研究所のマーク・ワイザー（Mark Weiser）という研究者によって提唱されたものである。ユビキタス（ubiquitous）とは偏在するという意味の言葉である。偏在とは，どこにでもあるという意味であり，したがってユビキタスコンピューティングとは生活のあらゆる場面でコンピュータを利用できる環境を考えると

いう概念である。

　どこにでもあるとかあらゆる場面での利用ができるというと，色々な場所に沢山コンピュータが置かれていて，使いたいときに自由に使えることを想像するかもしれないが，ここで提唱されているのはそうしたこととは若干異なった考え方である。生活のあらゆる局面でコンピュータが利用できるという言葉は同じだが，その内容は装置としてのコンピュータをどこでも使えるという意味ではなく，生活のあらゆる局面においてコンピュータの機能が提供され得ることがイメージされたものである。このような概念を実現するための技術的な側面を考えると，人やモノや場所のさまざまなところにコンピュータが備えられており，それらがたがいにネットワークで連携しており，またそれらの情報にどこからでもアクセスできるようなしくみが必要だろう。それらをまとめると，ここまで挙げたクラウドコンピューティング，ウェアラブルコンピュータ，モバイルデバイス，IoTなどの機能を統合した技術基盤が必要になると考えられる（**図 9.7**）。

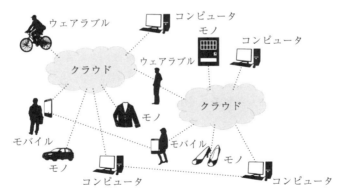

図 9.7　ユビキタスコンピューティングに向けた技術基盤

　しかし，そうした技術基盤さえ用意できれば目指すものが実現するわけではなく，要素どうしが融合的に連携することが必要である。また，そうした技術要素を利用して何をするのかが重要である。同じような技術基盤が用意されていたとしても，コンピュータの連携を利用する方法には違いがある。一つの方

206　　9.　生活を変えるコンピュータ

法は，人がモバイルデバイスからリクエストをアプリ経由で発信し，それに対して何か処理がクラウドシステム上で行われて結果が情報として返信され，人がそれを確認して対応する行動を取るというものである。他方では，何か起こったことをセンサで自動的に知覚し，その情報をネットワークで送信してクラウド上で対応の処理を行い，その結果を直接環境の状態を変化させるように反映させるものである。ユビキタスコンピューティングでは後者のようなアプローチの実現を目指して進んでいくことで，コンピュータの新たなあり方につながっていくことが期待される。

9.3.2　ユビキタスとモバイル

ユビキタスコンピューティングというアイデアが，モバイルデバイスから常時ネットワークを通じて情報にアクセスできるようなこととして考えられていた時期があった。そうした観点からは，現在のスマートフォンやタブレットPC などのデバイスとインターネットの普及によってそのような状況がほぼ実現されているのではないかと考えられる。しかしながら，元々のユビキタスコンピューティングという言葉で考えられた概念はそれとは異なるものであった。モバイルデバイスの普及した現在の状況と，ユビキタスコンピューティングという概念で想定されているものとはどこが違うのだろうか？

非常におおまかに，それぞれを比較したものを**表9.1** に示した。**モバイルコンピューティング**において，どこででもコンピュータが使用されるのは，使用する人がつねに携帯しているからである。ユビキタスコンピューティングのコ

表9.1　モバイルコンピューティングと
ユビキタスコンピューティング

モバイル	ユビキタス
デバイスを人が携帯している	デバイスは携帯されているとは限らない
どこにでも持っていく	どこにでも存在している
独立したアプリ群	アプリがたがいに連携
人が操作する	アプリが自動的に反応

9.3 環境と一体化するコンピュータ 207

ンセプトにおいては，携帯するだけではなく，生活環境のさまざまな場面や場所にコンピュータによる機能が備えられているイメージである。また，前者では，アプリケーションを明示的にユーザが使用し，そのアプリケーションは基本的には単独で機能する。目的を実現するために複数のアプリの機能が必要な操作の場合，それは人が一つのアプリで得た結果を利用して他のアプリを操作することで行うのである。例えば，地図のアプリで場所などを調べ，そこへの行き方を鉄道路線のアプリで調べるようなことである。一方で，後者において拡張されるコンピュータの利用は，アプリケーションはセンサなどの利用により人の行動に対して自動的に反応し，また，さまざまなアプリケーションが連携して自動的に目的を果たすようなしくみが想定されるのである。

ユビキタスコンピューティングの実現においてモバイルデバイスを使用しないというわけではない。そこで利用される機器の一つとして大きな部分を占めることにはなるだろう。ここで述べているのは考え方の指針としての違いを挙げたものである。人がコンピュータという装置をどこででも利用できるということに対して，一方では，コンピュータによってサポートされた生活環境のなかで人が生活する，という両者のアプローチの意識の違いがここで挙げた各項目となって現われているのである。

9.3.3 環境となるコンピュータのデザイン

ユビキタスコンピューティングや IoT という概念の実現に必要なのは，技術基盤の整備や機能の実現だけではない。そのためには，TUI や AR などを利用して，UI や UX を工夫した機能の提供の仕方をデザインすることが重要となる。例えば，色々な場所にセンサやコンピュータが沢山配置され，それらがたがいにネットワークで通信できるようになったということだけで何か新しいことや素晴らしいことが実現するわけではない。コンピュータとインターネットが結びつくことによって色々なことが非常に便利になることはすでにわかっているが，利用するためにいちいち面倒な操作が要求されるとしたら，そうした操作に長けた人しかそれらの便宜を充分に活用できないことになる。たとえ

208　9．生活を変えるコンピュータ

GUI におけるデザインの工夫などによって操作の簡易化を進めたとしても，色々な場面でコンピュータの操作が必要になったのではかえって面倒である。単純に，どこででもコンピュータの機能にアクセスできるようになるというような量の違いだけでは，モバイルデバイスがもたらした以上の生活における変化や影響を創り出せないだろう。

　これらの概念が目指しているのは決して作業をより効率的に行えるようにするとか，より高速に処理をするというようなことではなく，いかに，コンピュータにより実現する機能を日常生活のなかに自然に組み込むかということである。いわば，コンピュータを独立した装置として使用することから，コンピュータの機能が人の生活環境と一体化しているような世界の構築を目指しているのである。そうすることによって，意図的に操作しなければ利用できなかったコンピュータの能力を，さまざまな生活の場面で誰もが自然にその恩恵に浴することができるようになる。

　例えば，朝，鏡の前に立つと，所有している服や靴のなかから季節やその日の天候などを考慮してその日のコーディネートを推薦して表示してくれるようなシステムがあるとする。新しい服や靴を購入したら，それらの情報がそのシステムに反映され，次の日から新しく購入したものもコーディネートの候補として取り入れられるようになって欲しいと思うだろう。その実現のために，購入者がコンピュータを使って新しく購入したものの画像や情報を自分でシステムに入力するのではなく，店で購入するという行為だけで自動的にシステムに反映するようになれば，そのシステムを利用するために人が明示的にコンピュータを意識することなく購入したり鏡の前に立ったりするような日常の行為だけで機能を利用できることになる。また，購入の事実が他の購入履歴と合わせて毎月の支出として自動的に管理され，買い物をするときに注意を喚起するようなしくみも作ることができるかもしれない。このように，ある人の行動をウェアラブルや場所に設置されたセンサによって自動的に感知し，その情報が他のシステムやアプリケーションと自動的に共有されてその人のさまざまな生活の局面に反映するようなことが可能となれば，機械としてのコンピュータ

9.4　人とコンピュータの未来　　*209*

に直接触れずに，その操作を意識することもなく，コンピュータがもたらす便利な機能が生活の一部を構成することになる。

こうしたことの実現は，単に装置や技術を用意しただけではなく，技術基盤をどのように活用するかについてのアイデアがなければならない。単独の機能がより多数存在するのではなく，新しいサービスを産み出すような複数の有機的な連携が必要である。そのうえで，いかに生活中の普段の行為のなかにそのような機能を入れ込むかという UX 的な観点からのデザインが重要となってくる。5 章で扱ったインタフェースの透明化のようなアプローチによって，複合的なしくみが自動的に，人の意識的な行動を要求せずに提供されるような状況が期待されるのである。

9.4　人とコンピュータの未来

ここまで，コンピュータやインタフェースの発展について概観し，人とコンピュータの関わり方であるインタラクションの多様なデザインについて扱ってきた。また，現在進められている新たなコンピュータの使い方や概念についても言及した。そうした発展を促す力となるのはコンピュータの技術面の進化だけではなく，将来に向けて「こうしたい」というビジョンを持つことである。ここまで見てきた発展の流れから，未来のコンピュータのあり方として，どのようなものを期待し，予想できるのだろうか。

9.4.1　コンピュータの未来への考察

コンピュータが環境と一体化するような発展の方向を考えたときには，将来はコンピュータという「装置」を直接操作することがなくなってしまうようなことを想像するかもしれない。しかしながら，例えば文章を書いたり，動画を編集したりする用途について，「コンピュータ」という道具を使用する必要性は続くのではないかとも思われる。ここまで，コンピュータのさまざまな面を見てきたが，コンピュータは将来どのようになっていくのだろうか。

210　9. 生活を変えるコンピュータ

　そうしたことを考察するにあたって，そもそもコンピュータとはどのような
ものだったか考えてみよう。コンピュータという装置は，プログラムやアプリ
ケーションを変えることでさまざまな用途に使用できるものであった。いわば
万能の機能を持つ装置がコンピュータであった。ソフトウェアを変えること
で，さまざまな機能を持つという万能性がコンピュータの利点そのものであっ
た。しかしながら，TUIが提示したように，コンピュータの実現する個々の機
能が特定の用途と結びついて，生活におけるさまざまな道具や環境と一体化す
るようになったときには，そこで利用されるコンピュータは特定の役割に固定
されたものになる。そうした使い方が普通になったときにも，多様な用途に使
用できる装置としてのコンピュータは存在意義を保つだろうか？

　生活環境と一体化するという方向性によって，コンピュータとしての装置は
「視えない」ものへと発展していくのではないかという考えは先に述べた。そ
れぞれの作業が，コンピュータの機能を含んでそれぞれの専用の道具と一体化
するのであれば，さまざまなことに使うことができる「コンピュータ」という
装置の必要はなくなるだろう。しかし一方では，万能に使える装置としてのコ
ンピュータは，いまだ考えられていないような新たな用途を創り出すための道
具としてはやはり有用であり，インタフェースが変わっていきつつも発展して
いくのではないかと考えられる。多様な機能を実現できるということは，単に
その装置が色々なことに使うことができる万能装置になるということだけでは
なく，それらの機能を組み合わせて新たな用途を創り出す可能性を与えるとい
うことでもある。

　ここまで，コンピュータの発展を見てくると，用途が変わってきたのではな
く拡がってきたのだと見ることができる。コンピュータの形態も多様なものが
生まれてきたが，それも用途の多様化を促進している。コンピュータが環境の
一部として生活をサポートするような用途が考えられているが，それはそのよ
うな用途が追加されてコンピュータ全体の用途がさらに拡がるということで
あって，これまでのコンピュータがそのような用途への利用のみに置き換わる
ということを意味するのではないだろう。また，コンピュータという装置自身

9.4 人とコンピュータの未来 *211*

が現在の形態やインタフェースから大きく変化することもあるだろう。現在の
モバイルデバイスのようにタッチスクリーンで操作する小型の装置は，初期の
ENIAC のように部屋を丸々一つ専有し配線によって処理させる内容を設定し
ていた頃には想像もできなかっただろう。今後，さらにいままでと違うような
ものへと変化していくことは充分予想されることである。

9.4.2 SF が提示する未来

　ここまで本章では，さまざまなコンピュータの進歩の方向性などを述べてき
たが，そうしたことを統合すると，将来のコンピュータが人の生活のなかでど
のような位置を占めるかについて，どのようなビジョンを描くことができるだ
ろうか？　未来でコンピュータがどのように使われており，どのような位置付
けになっているのかという想像図は SF 映画によく描かれている。ここではい
くつかの例をとって，SF 映画に現れている未来像について考察してみよう。

　映画「アイアンマン」には，コンピュータによるグラフィックスが空間にホ
ログラムのように表示され，それらに対して手を拡げてズームしたり，取り出
すようにして個々のグラフィックにアクセスしたりするようなインタフェース
で操作する場面がある。こうした表示と操作の仕方は未来を題材とする映画の
コンピュータ操作のアイデアとしてよく使用されるものである。別の映画「マ
イノリティ・リポート」でも，透明で大きなガラスの壁のようなディスプレイ
に映し出された表示や画像に対して手を振りかざすようなジェスチャーで操作
する有名なシーンがある。アイアンマンの例では，室内の空間に自由な大きさ
で表示を行うことができて，操作も手を使って直感的に行っており，現在のコ
ンピュータの操作と比べて未来的な雰囲気をよく醸し出している。

　ところで，これらのシーンで表現されているコンピュータ利用の用途を見て
みると，グラフィックで表現された情報や動画像の閲覧や編集などが用途のよ
うである。例えば，データを一覧して比較し，特定のものを取り出して加工し
たり消去したり（立体のゴミ箱のアイコンに！）する。つまり，インタフェー
スは派手で未来的な雰囲気な映像になっているが，コンピュータの使い方とし

212   9. 生活を変えるコンピュータ

ては，現在と大差ないことに気づく。ゴミ箱のメタファもまだ有効なようである（コンピュータのインタフェースがこれだけ進歩しても，ゴミ箱はまだ同じ形のものがまだ使用されているのかという疑問が湧くが）。このようなコンピュータの未来像は見た目だけは新しさを出そうとしているが，じつはコンピュータとしてのあり方に現在と大きな違いを与えるような情景を描けてはいないようである。現在可能である内容をより便利にしたり高性能化したりするだけでは，新しい価値をもたらす変化は現れない。新しい使い方のアイデアが必要なのである。

映画「2001年宇宙の旅」には，高度な人工知能（HALという名前）が登場しており，それがロケットのすべての管理を行っている。命令はすべて普通の会話によって行われており，現在よりもはるかに高度な人工知能に進化していることが提示されている（現在よりも過去の2001年が舞台ではあるが）。HALとその利用はコンピュータの機能が高度な人工知能により現在とはまったく違うレベルのことが実現されている状況を描いているという点で，「アイアンマン」のような表現と一段違っているように思われる。ただし，非常に特殊な用途（宇宙空間の航行）が設定されており，コンピュータの発展が人間の一般の生活にどれくらいの変化をもたらせたかは描かれていない。

技術の発展が充分に一般化し，生活のなかに取り入れられることによって，人の行動や意識がどのように変化するかということを大変上手に扱ったと思われるのが，「電脳コイル」というアニメーション作品である（図9.8）。この作品では少しだけ先の近未来を想定しており，AR技術の端末として電脳メガネという装置が一般化され，子どもたちが現在の携帯電話やスマートフォンのようにそれらを利用している世のなかが描かれている。情報がそのメガネを通じて表示されるだけでなく，コンピュータの操作もすべてそのメガネの機能によって提供される仮想のインタフェースによって可能となっている。この作品は，そうした道具が日常化して，コンピュータによる情報空間が物理的な生活環境と一体化して子どもたちの日常を成している様子を提示している点で，単に新しい技術の機能面だけを提示しているようなものとは違っている。また，

図 9.8　AR を扱ったアニメーション作品「電脳コイル」

特殊な状況だけでなく日常の常識が変わっていることも，登場人物達のなにげない行動で表現されている．例えば，電脳メガネをしたまま手で電話をかけるジェスチャーをすると電話ができるのである．

　未来を扱う SF の作品では，未来のテクノロジーの代表としてコンピュータの進化した形が描かれることが多いが，単独の機械としての進歩の提示だけなのか，テクノロジーの進歩による生活様式の変化まで考察されたものなのかの違いがある．現在では実現できていないようなインタフェースであり，ビジュアル的に驚くようなものであっても，人とコンピュータの関わりという面で考察してみると新しい側面を提示できていないものも多くあるように思われる．コンピュータが人に与える影響について，ここまで学んだことを利用して考察を実践する対象として，SF 映画はよい題材である．

9.4.3　ビジョンの提示

　ここまで，コンピュータのインタフェースのこれまでの工夫や新しい研究項目などを学んできたが，それらの理解のうえで，未来のコンピュータがどのようなものになり，人の生活がどのような影響を受けているかということについ

214　　9. 生活を変えるコンピュータ

て，どのような**ビジョン**を描くことができるだろうか？　ビジョンとは，単に
コンピュータの性能を2倍にするとかサイズを2分の1にするとかという技術
的な見通しではない。単にコンピュータのサイズが小さくなるということだけ
では，未来の生活がどのように変化するかという内容を提示することにはなら
ない。速度が速くなったり，サイズが小さくなったりすることで，どのような
使い方の変化が想定されるのかを示すことが，ビジョンを提示するには重要な
ことである。

　ビジョンの提示として，アップルコンピュータの創業者であるスティーブ・
ジョブズ（Steve Jobs）が述べた例を挙げてみよう。彼は，まだメインフレー
ムなどの大型コンピュータが主流であった 1980 年に，「一人が一台のコン
ピュータを使うようになったら歴史的にみて特別なことが起きるだろう」と述
べた。また，コンピュータを使うためにプログラミングが必要だったときに，
「コンピュータは自転車のように，マニュアルなしに日常で気軽に使えるよう
なものになるべきだ」ということも述べている。自転車によって，ちょっとし
た距離の移動がとても簡単なことになり，人の行動範囲や時間についての意識
に大きな影響を与えたようなことも考慮した内容だと考えられる。こうしたビ
ジョンは，PC としての Macintosh や現在の iPad などで充分に実現されたよう
に思われるが，その結果，いまや一般の人がさまざまな創作活動を自由に発表
できたり，時間や場所によらずにたがいに連絡したり情報を取得したりできる
ようになり，それに伴って人の行動の意識に大きな変化をもたらしている。

　さて，本書で扱った内容では，コンピュータの装置としても用途にしても多
様化するような発展があったことを扱ってきた。小型化の進化では，ウェアラ
ブルや IoT などのアプローチで，あらゆる場面にコンピュータが置かれるよう
なことも考えられた。そのなかで，コンピュータを装置として利用するのでは
なく，その機能だけを日常の行為のなかで利用するという方向性もあった。
ジョブスは「一人が一台のコンピュータを持つときに特別なことが起きる」と
いったが，これから先には一人が何十台，何百台のコンピュータを所有し使用
することになるかもしれない。そうしたことが実現されたときの「コンピュー

タ」は，コンピュータとして認識できるような単独の装置ではなく，鏡だったり冷蔵庫だったり衣服だったりするのかもしれない。装置としてのコンピュータを利用するのではなく，コンピュータの機能だけを，日常の行動のなかで自然に利用するようなアプローチが多くなるかもしれないのである。

また，人だけでなく，環境やモノがコンピュータを利用することが多くなることも考えられる。これまでも，車など乗り物の制御装置にコンピュータが利用されていたが，今後はモノに利用されるコンピュータもあらかじめ設定された制御を行うだけではなく，より高度な判断をする機能として利用され，たがいが連携し合うようなものとなっていくことが予想される。

こうしたことを受けて，現在ではどのような未来のビジョンを持つことができるだろうか？　どのようなビジョンを提示できるかが技術の進歩を牽引するための重要な役割を果たすのである。

9.4.4　将来への課題

コンピュータやインターネットが影響を与えたのは個人の行動様式だけではない。7章で扱ったように，情報の伝達が非常に速くなったことや，インターネット上に地理的な地域と独立した社会が形成されるようになったことなど，社会全体にも大きな影響を与えている。コンピュータが非常に狭い分野の問題や処理に用いられる道具であったときの状況とは異なり，現在ではコンピュータやインターネットが社会や生活を構成する基盤要素（**インフラストラクチャ**）の一つとなっているといっていいだろう。

影響の一つとして，情報伝達の速さが，現実におけるさまざまなことが進んでいく速度も加速するようになっていることが挙げられる。変化の速さが社会に与える影響も大きくなり，人の行動指針に大きな変化をもたらすことが予想される。地理的な情報伝達度の格差がなくなることで，さまざまな仕事や価値のグローバル化が進んでいるが，世界中が均等な競争にさらされるようなことも起こり，よい面だけではない多大な変化をもたらすことになっている。また，地域や収入によって情報を得ることができる人や地域と，そうではない

216   9. 生活を変えるコンピュータ

人々との格差（**ディジタル・ディバイド**）の問題も生じている。

　コンピュータの利用については，ユビキタスコンピューティングの考え方に代表されるようなアプローチが実現されれば，誰もがコンピュータの便利な機能の恩恵を得られるようになっていくことが期待される。一方で，コンピュータの利用がコンピュータという装置に限定されなくなると，どのようにコンピュータが関わっているかも想像がつかなくなるかもしれない。しくみがわからなくても使用できることは，UI としては優れていると考えることができるだろう。一方で，ブラックボックス化が進むことで，動作がおかしいときにもユーザは何もわからないことにもなる。自分が実現したいことにまったくピッタリな機能が提供されていればよいが，そうではないときにコンピュータに処理内容をきちんと伝えることができるようなことが欲せられるだろう。ウェブなどでは，個人に合わせてパーソナライズされたサービスの提供ということが行われているが，真にパーソナライズされた機能を得るのは，その人がコンピュータに行わせる処理を細かく指定することであると考えられる。

　そうしたことは，プログラミングを行うことで実現することができる。現在では企業や他の人が作成したプログラムが実行可能なアプリケーションという状態で配布され，それを使用することでさまざまな用途に使用できるようになったが，いまでも個人でプログラムを作成することはもちろん可能である。その用途が拡大したことや，プログラミングのための環境もさまざまに整備され，インターネットによって情報も大量にあるため，プログラムを作成している人は当初に比べても多くなっている。コンテンツについては，作成したり情報を発信したりすることが専門家の仕事であったものから，現在では一般の人に拡がって，誰でも作品を創り発信できるようになった。そうした変化を考えると，将来に起こるべき大きな変化は，コンピュータで行わせることを誰でもプログラムできるようになることではないだろうか。そのときのプログラム作成は，現在と同じようにプログラミング言語によって処理を詳細に記述するのではなく，むしろ AI にさまざまな指示を出すような方法などが期待される。

9.4 人とコンピュータの未来 217

それはいまの感覚のプログラミングとは異なるものであるだろうが，そうした作業のインタフェースもより人に合わせたものに変化することが望まれる。また，さまざまな機械の機能をブロックのように自由に組み合わせるような方法かもしれない。

また，コンテンツを多くの人が創り発信するようになって，それを受け取る側では選択肢が多くなり，自分の好みにより合致するものを見つけることができる確率が高くなったといえる。しかしながら，いくら選択肢が多くなったとしても，作られたものをそのまま受け取っているという状態には変わりがない。例えば，スポーツ中継やコンサートの映像などは，制作側が設定したカメラアングルでしか鑑賞できない。陸上競技などでは，カメラがつねに選手に追随していて，走る速さや投擲の距離のすごさなどを感じることができないし，コンサート映像では，ダンスを観るためステージ全体を見たいと思っていても，細かくカメラ変更が行われたりアップの映像が多かったりして全体を見ることができない。これらの例のように，これまでは，コンテンツは制作側の意向のみが反映されたものであったが，観る側が好みに合わせて内容を変更できるようなコンテンツの提供方法があるといいのではないだろうか。VRなどの技術と合わせてそうした試みも行われつつある。ここで挙げたように，多方面において利用者側の意向を簡単に反映できるようなものとなることが，今後のコンピュータの進化の一つの方向として期待される。

ここで考察したのは，コンピュータの装置としての進化ではなく，その使われ方について，ここまでの変化の流れを念頭に置いて予想を立てたものである。人とコンピュータの関係を考え，将来の世のなかがどのように進化していくかのビジョンを描くためには，社会全体としてコンピュータの位置付けを考え，そのためにはコンピュータはどのようなものであるべきか，また，それによって社会や生活がどのように影響を受け，変化していくのかという未来像を想像することが必要である。

218   9. 生活を変えるコンピュータ

演 習 問 題

〔**9.1**〕 自分が知っている SF の映画や小説などを題材に取り，そのなかでコン
ピュータの使用や位置付けがどのように表現されているかを調べ，未来に
ふさわしいビジョンが提示されているかどうかを考察せよ。

〔**9.2**〕 現在，コンピュータにより行われていないものが，将来コンピュータに
よってどのように扱われるようになるか，具体的な例を設定し，利点や課
題について考察せよ。

〔**9.3**〕 コンピュータを利用して行っている行動を一つ取り上げ，コンピュータが
現在，もしなかったとしたらそれはどのように行われ得るのかを考察し，
生活や行動にどのような違いがあるか，項目を挙げよ。

引用・参考文献

引用した文献（**URL は 2017 年 11 月現在**）

1) https://commons.wikimedia.org/wiki/File:Eniac.jpg
2) https://commons.wikimedia.org/wiki/File%3AIBM_704_mainframe.gif
3) https://commons.wikimedia.org/wiki/File:ESO_Hewlett_Packard_2116_minicomputer.jpg
4) https://commons.wikimedia.org/wiki/File:Bundesarchiv_B_145_Bild-F077948-0006,_Jugend-Computerschule_mit_IBM-PC.jpg?uselang=ja
5) https://commons.wikimedia.org/wiki/File:SPARCstation_1.jpg
6) https://upload.wikimedia.org/wikipedia/ja/8/82/K_computer_S0071267.JPG
7) https://upload.wikimedia.org/wikipedia/commons/8/81/Supercomputers-history.svg
8) https://commons.wikimedia.org/wiki/File:SRI_Computer_Mouse.jpg?uselang=ja
9) https://commons.wikimedia.org/wiki/File:Japanese_typewriter_SH-280.jpg?uselang=ja
10) https://upload.wikimedia.org/wikipedia/commons/9/9b/Fly01018_-_Flickr_-_NOAA_Photo_Library.jpg
11) https://commons.wikimedia.org/wiki/File:Redstair_GEARcompressor.png?uselang=ja
12) https://commons.wikimedia.org/wiki/File:Two_women_operating_ENIAC.gif
13) https://commons.wikimedia.org/wiki/File:Ibm_pc_5150.jpg
14) http://www.rationalcraft.com/Winscape.html
15) https://www.teamlab.art/jp/w/digitalinformationwall/
16) https://www.teamlab.art/jp/w/diversity/
17) https://upload.wikimedia.org/wikipedia/commons/4/41/Dombis_1687.jpg
18) https://www.teamlab.art/jp/w/harmony/
19) https://commons.wikimedia.org/wiki/File:Wearcompevolution.jpg

全章を通しての参考文献

20) 古賀直樹：UI デザインの基礎知識—プログラム設計からアプリケーションデザインまで—，技術評論社（2010）
21) ブレンダ・ローレル 編，上条史彦ほか 訳：ヒューマンインターフェースの発想と展開，ピアソン・エデュケーション（2002）
22) ジェフ・ラスキン 著，村上雅章 訳：ヒューメイン・インターフェース—人に優しいシステムへの新たな指針—，ピアソン・エデュケーション（2001）
23) Jenifer Tidwell 著，ソシオメディア株式会社 監訳，浅野紀予 訳：デザイニ

220　引用・参考文献

ング・インターフェース—パターンによる実践的インタラクションデザイン— 第2版，オライリー・ジャパン（2011）

24) D.A. ノーマン 著，岡本　明，安村通晃，伊賀聡一郎，野島久雄 訳：誰のためのデザイン？—認知科学者のデザイン原論—増補・改訂版，新曜社（2015）

25) D.A. ノーマン 著，安村通晃，岡本　明，伊賀聡一郎，上野晶子 訳：エモーショナルデザイン—微笑を誘うモノたちのために—，新曜社（2004）

26) 加藤　隆：認知インタフェース（IT Text），オーム社（2002）

27) Susan Weinschenk 著，武舎広幸，武舎るみ，阿部和也 訳：インタフェースデザインの心理学—ウェブやアプリに新たな視点をもたらす100の指針—，オライリー・ジャパン（2012）

28) 中村聡史：失敗から学ぶユーザーインタフェース—世界は BADUI であふれている—，技術評論社（2015）

29) 樽本徹也：ユーザビリティエンジニアリング—ユーザエクスペリエンスのための調査，設計，評価手法— 第2版，オーム社（2014）

30) 平川正人：コンピュータと表現—人間とコンピュータの接点—（グラフィック情報工学ライブラリ），数理工学社（2015）

31) 椎尾一郎：ヒューマンコンピュータインタラクション入門（Computer Science Library），サイエンス社（2010）

32) 岡田謙一，西田正吾，葛岡英明，仲谷美江，塩澤秀和：ヒューマンコンピュータインタラクション 改訂2版（IT Text），オーム社（2016）

33) Dan Saffer 著，武舎広幸，武舎るみ 訳：マイクロインタラクション—UI/UX デザインの神が宿る細部—，オライリー・ジャパン（2014）

34) Michal Levin 著，大木嘉人，青木博信，笠原俊一，瀬戸山雅人，矢野類子 訳：デザイニング・マルチデバイス・エクスペリエンス—デバイスの枠を超える UX デザインの探求—，オライリー・ジャパン（2014）

35) 安藤昌也：UX デザインの教科書，丸善出版（2016）

36) 原島　博，井口征士 監修：感じる・楽しむ・創りだす 感性情報学—感性的ヒューマンインタフェース最前線—，工作舎（2004）

37) 白井雅人，森　公一，砥綿正之，泊　博雅 編：メディアアートの教科書，フィルムアート社（2008）

38) ケイシー・リース，チャンドラー・マクウィリアムス，ラスト 著，久保田晃弘 監訳：FORM＋CODE—デザイン／アート／建築における，かたちとコード—，ビー・エヌ・エヌ新社（2011）

39) 齋藤あきこ 編著，田所　淳 著：Beyond Interaction 改訂第2版 —クリエイティブ・コーディングのための openFrameworks 実践ガイド—，ビー・エヌ・エヌ新社（2013）

40) 藤幡正樹：アートとコンピュータ —新しい美術の射程—，慶應義塾大学出版会（1999）

引用・参考文献　　221

41) 松下　温，佐藤明雄，重野　寛，屋代智之：ユビキタスコンピューティング，オーム社（2009）

42) 坂村　健：IoT とは何か―技術革新から社会革新へ―（角川新書），KADOKAWA（2016）

43) 三菱総合研究所 編：IoT まるわかり（日経文庫），日本経済新聞出版社（2015）

44) 小林　茂 ほか：フィジカルコンピューティングを「仕事」にする，ワークスコーポレーション（2011）

45) Dustyn Roberts 著，岩崎　修 監修，金井哲夫 訳：Making Things Move―動くモノを作るためのメカニズムと材料の基本―，オライリー・ジャパン（2012）

46) Greg Borenstein 著，藤本直明 監修，水原　文 訳：Making Things See―Kinect と Processing ではじめる 3D プログラミング―，オライリー・ジャパン（2013）

47) Tom Igoe 著，小林　茂 監訳，水原　文 訳：Making things Talk―Arduino で作る「会話」するモノたち―，オライリー・ジャパン（2008）

48) Dan O'Sullivan, Tommy Igoe：Physical Computing―Sensing and Controlling the Physical World with Computers―, Course Technology Ptr（2004）

49) Peter Morville 著，浅野紀予 訳：アンビエント・ファインダビリティ ―ウェブ，検索，そしてコミュニケーションをめぐる旅―，オライリー・ジャパン（2006）

50) Peter Morville, Jeffery Callender 著，浅野紀予 訳：検索と発見のためのデザイン―エクスペリエンスの未来へ―，オライリー・ジャパン（2010）

51) Peter Merholz, Brandon Schauer, David Verba, Todd Wilkens 著，高橋信夫 訳：SUBJECT TO CHANGE―予測不可能な世界で最高の製品とサービスを作る―，オライリー・ジャパン（2008）

52) Nathan Shedroff, Christopher Noessel 著，安藤幸央 監訳：SF 映画で学ぶインタフェースデザイン―アイデアと想像力を鍛え上げるための 141 のレッスン―，丸善出版（2014）

53) 落合陽一：魔法の世紀，PLANETS（2015）

54) ニール・ガーシェンフェルド 著，中俣真知子 訳：考える「もの」たち―MIT メディア・ラボが描く未来―，毎日新聞社（2000）

55) D.A. ノーマン 著，岡本　明，安村通晃，伊賀聡一郎 訳：インビジブルコンピュータ ―PC から情報アプライアンスへ―，新曜社（2009）

56) D.A. ノーマン 著，安村通晃，岡本　明，伊賀聡一郎，上野晶子 訳：未来のモノのデザイン―ロボット時代のデザイン原論―，新曜社（2008）

索　引

【あ　行】

アイコン　56
アニメーション　62
アフォーダンス　59
アプリ　29
アプリケーション　8
アプリケーション・
　ソフトウェア　29
イベント　89
イベントドリブン　89
インスタレーション　134, 135
インターネット
　　　　147, 148, 194
インタフェースが消失　113
インタラクション
　　　　79, 91, 113, 140
インタラクティビティ　98
インタラクティブ
　　　　79, 81, 168
インタラクティブアート　135
インフラストラクチャ　215
ウェアラブル
　コンピュータ　182
ウェブブラウザ　167
ウェブページ　149
エキスパートシステム　197
エージェント　101
演算性能　13
オペレーティング・
　システム　2
音　声　101

【か　行】

拡張現実感　108
仮想化　201

仮想現実感　103
キュレーション　160
キュレーテノング　172
クラウドコンピュー
　ティング　200
グローバル化　153
経験を共有　141
検索エンジン　153, 156
広　告　139, 162
高性能化　193
小型化　12, 193
コマンド　30
コミュニティー　153
コンテキスト　106, 128, 144
コンテンツ　151
コンピュータアート　131
コンピュータウイルス　164

【さ　行】

ジェスチャー　100
シグニファイア　59
出　力　24, 25
常時接続　165, 179
情報の爆発　158
処理速度　13
人工知能　101, 197
深層学習　197
スキュアモーフィズム
　　　　67, 69
スーパーコンピュータ
　　　　10, 194
スパムメール　164
スマートフォン　9, 174
センサ　26
ソーシャル・ネット
　ワーキング・サービス　17

ソフトウェア　29

【た　行】

体　験　141
体験を創る　127
対　話　98
対話型処理　79
タッチスクリーン　9, 28, 177
タブレットPC　9, 174
タンジブルユーザ
　インタフェース　111
重畳表示　108
ディジタルカメラ　175
ディジタル・ディバイド　216
ディープラーニング　197
ディレクトリサービス　152
デザイン　51
デジタルサイネージ　139
デスクトップメタファ　56
テーブルトップ
　インタフェース　110
デマ　170
電子メール　149
統一的なデザイン　65

【な　行】

入　力　24, 25
ニュースグループ　149
ニューラルネットワーク　197
人間中心の考え方　128
ノートPC　7

【は　行】

ハイパーリンク　153
パーソナルコンピュータ　7
バーチャルリアリティ　103

バッチ処理	82	翻訳	34	ユーザビリティ	51, 75

バッチ処理 82
ハードウェア 25
非インタラクティブ 82
ビジョン 214
非対話型処理 82
ビッグデータ 203
フェイクニュース 170
不正アクセス 164
プッシュ通知 169
ブラウザ 150
フラットデザイン 72
プル通知 169
ブログ 151
プロバイダ 148, 166
フロントエンド 184
ヘッドマウント
　ディスプレイ 104
ポインティングデバイス
　 38, 100

翻訳 34

【ま　行】

ミニコンピュータ 6
メインフレーム 5
メタファ 55
メッセージ 178
メディアアート 131, 135
メール 178
モダリティ 42
モバイルコンピュータ 174
モバイルコンピュー
　ティング 206
モバイルデバイス
　 9, 28, 174, 186, 189

【や　行】

ユーザインタフェース 24, 51
ユーザの体験 124

ユーザビリティ 51, 75
ユビキタスコンピュー
　ティング 169, 204
用途の拡大 17

【ら　行】

ライフログ 184
リアルタイム 101
リッチデザイン 66
リンク 153
リンク切れ 156
ローカルエリア
　ネットワーク 147
ロールモデル 44

【わ　行】

ワールドワイドウェブ
　 149, 167

【アルファベット】

AI 101, 197
AR 108
ARPANET 147
CUI 30

ENIAC 3, 98
GUI 30
HTML 150, 154
IoT 169, 202
OS 2, 24, 29
SNS 17, 151, 178, 189

UI 24
UI のデザイン 143
URL 155
UX 119, 121, 124
WYSWYG 86

─── 著者略歴 ───
1985年　慶應義塾大学理工学部物理学科卒業
1990年　東京大学大学院工学系研究科博士課程修了
　　　　（航空学専攻）
1990年　日本アイ・ビー・エム株式会社東京基礎研究所勤務
2000年　博士（工学）（東京大学）
2004年　東京工科大学助教授
2007年　東京工科大学准教授
　　　　現在に至る

人とコンピュータの関わり
Computers and Humans　　　　　　　　　　　　　　　Ⓒ Takashi Ohta 2018

2018年2月16日　初版第1刷発行　　　　　　　　　　　　　　★

	著　者	太　田　高　志
検印省略	発行者	株式会社　コロナ社
		代表者　牛来真也
	印刷所	萩原印刷株式会社
	製本所	有限会社　愛千製本所

112-0011　東京都文京区千石4-46-10
発行所　株式会社　コ ロ ナ 社
CORONA PUBLISHING CO., LTD.
Tokyo Japan
振替00140-8-14844・電話(03)3941-3131(代)
ホームページ　http://www.coronasha.co.jp

ISBN 978-4-339-02783-9　C3355　Printed in Japan　　　　　（森岡）

JCOPY　＜出版者著作権管理機構　委託出版物＞
本書の無断複製は著作権法上での例外を除き禁じられています．複製される場合は，そのつど事前に，出版者著作権管理機構（電話 03-3513-6969，FAX 03-3513-6979，e-mail: info@jcopy.or.jp）の許諾を得てください．

本書のコピー，スキャン，デジタル化等の無断複製・転載は著作権法上での例外を除き禁じられています．購入者以外の第三者による本書の電子データ化及び電子書籍化は，いかなる場合も認めていません．
落丁・乱丁はお取替えいたします．

コンピュータサイエンス教科書シリーズ

（各巻A5判）

■編集委員長　曽和将容
■編集委員　岩田　彰・富田悦次

配本順		著者	頁	本体
1．（8回）	情報リテラシー	立花 康夫 曽春 和日将秀容雄 共著	234	2800円
2．（15回）	データ構造とアルゴリズム	伊藤　大雄著	228	2800円
4．（7回）	プログラミング言語論	大山口　通夫 五味　　弘 共著	238	2900円
5．（14回）	論理回路	曽和　将容 範公　可 共著	174	2500円
6．（1回）	コンピュータアーキテクチャ	曽和　将容著	232	2800円
7．（9回）	オペレーティングシステム	大澤　範高著	240	2900円
8．（3回）	コンパイラ	中田　育男監修 中井　央著	206	2500円
10．（13回）	インターネット	加藤　聡彦著	240	3000円
11．（4回）	ディジタル通信	岩波　保則著	232	2800円
12．（16回）	人工知能原理	加納 政芳 山田 雅之 遠藤　守 共著	232	2900円
13．（10回）	ディジタルシグナル プロセッシング	岩田　彰編著	190	2500円
15．（2回）	離散数学 ―CD-ROM付―	牛島 和夫編著 相朝 利廣民雄 共著	224	3000円
16．（5回）	計算論	小林　孝次郎著	214	2600円
18．（11回）	数理論理学	古川 康一 向井 国昭 共著	234	2800円
19．（6回）	数理計画法	加藤　直樹著	232	2800円
20．（12回）	数値計算	加古　孝著	188	2400円

以下続刊

3．形式言語とオートマトン	町田　元著	9．ヒューマンコンピュータ インタラクション	田野　俊一 髙野健太郎 共著
14．情報代数と符号理論	山口　和彦著	17．確率論と情報理論	川端　勉著

定価は本体価格＋税です。
定価は変更されることがありますのでご了承下さい。

図書目録進呈◆

メディア学大系

（各巻A5判）

■第一期 監　　修　相川清明・飯田　仁
■第一期 編集委員　稲葉竹俊・榎本美香・太田高志・大山昌彦・近藤邦雄
　　　　　　　　　榊　俊吾・進藤美希・寺澤卓也・三上浩司（五十音順）

配本順		著者	頁	本体
1.（1回）	メディア学入門	飯田　仁 近藤邦雄 稲葉竹俊 共著	204	2600円
2.（8回）	CGとゲームの技術	三上浩司 渡辺大地 共著	208	2600円
3.（5回）	コンテンツクリエーション	近藤邦雄 三上浩司 共著	200	2500円
4.（4回）	マルチモーダルインタラクション	榎本美香 飯田　仁 相川清明 共著	254	3000円
5.（12回）	人とコンピュータの関わり	太田高志 著	238	3000円
6.（7回）	教育メディア	稲葉竹俊 松永信介 飯沼瑞穂 共著	192	2400円
7.（2回）	コミュニティメディア	進藤美希 著	208	2400円
8.（6回）	ICTビジネス	榊　俊吾 著	208	2600円
9.（9回）	ミュージックメディア	大山昌彦 伊藤謙一郎 吉岡英樹 共著	240	3000円
10.（3回）	メディアICT	寺澤卓也 藤澤公也 共著	232	2600円

■第二期 監　　修　相川清明・近藤邦雄
■第二期 編集委員　柿本正憲・菊池　司・佐々木和郎（五十音順）

11.	自然現象のシミュレーションと可視化	菊池　司 竹島由里子 共著		
12.	CG数理の基礎	柿本正憲 著		
13.（10回）	音声音響インタフェース実践	相川清明 大淵康成 共著	224	2900円
14.	映像メディアの制作技術	佐々木和郎 上林憲行 羽田久一 共著		
15.（11回）	視聴覚メディア	近藤邦雄 相川清明 竹島由里子 共著	224	2800円

定価は本体価格＋税です。
定価は変更されることがありますのでご了承下さい。

図書目録進呈◆